文化遗产阐释与展示丛书

宁波吴锦堂文化遗迹数字化保护与利用研究

王 麟 徐宏鸣 著

学苑出版社

图书在版编目（CIP）数据

宁波吴锦堂文化遗迹数字化保护与利用研究 / 王麟，徐宏鸣著. — 北京：学苑出版社，2020.2
ISBN 978-7-5077-5906-8

Ⅰ. ①宁… Ⅱ. ①王… ②徐… Ⅲ. ①数字技术—应用—文化遗迹—保护—研究—宁波 Ⅳ. ① K872.553-39

中国版本图书馆 CIP 数据核字（2020）第 025856 号

责任编辑：周鼎
出版发行：学苑出版社
社　　址：北京市丰台区南方庄2号院1号楼
邮政编码：100079
网　　址：www.book001.com
电子信箱：xueyuanpress@163.com
联系电话：010-67601101（营销部）、010-67603091（总编室）
经　　销：全国新华书店
印　刷　厂：北京建宏印刷有限公司
开本尺寸：787×1092　1/16
印　　张：14
字　　数：270千字
版　　次：2021年1月第1版
印　　次：2021年1月第1次印刷
定　　价：248.00元

目录

第一章　绪论 ⋯⋯⋯⋯⋯⋯⋯⋯⋯⋯⋯⋯⋯⋯⋯⋯⋯ 1
　　一、背景与意义 ⋯⋯⋯⋯⋯⋯⋯⋯⋯⋯⋯⋯⋯⋯⋯ 1
　　二、文化遗产数字化建设现状 ⋯⋯⋯⋯⋯⋯⋯⋯⋯ 3
　　三、研究的内容 ⋯⋯⋯⋯⋯⋯⋯⋯⋯⋯⋯⋯⋯⋯⋯ 6
　　四、研究的思路与方法 ⋯⋯⋯⋯⋯⋯⋯⋯⋯⋯⋯⋯ 8
　　五、研究的价值与创新 ⋯⋯⋯⋯⋯⋯⋯⋯⋯⋯⋯⋯ 10

第二章　关于社会服务功能的理论阐释 ⋯⋯⋯⋯⋯⋯ 12
　　一、国内外相关研究成果综述 ⋯⋯⋯⋯⋯⋯⋯⋯⋯ 12
　　二、文化遗产社会服务功能的内涵、特征及分类构成 ⋯ 16
　　三、决定和影响文化遗产社会服务功能的主要因素 ⋯⋯ 20
　　四、文化遗产社会服务功能的形成机制与实现路径 ⋯⋯ 23

第三章　吴锦堂文化遗迹社会服务功能数字化重构的
　　　　必要性及可行性 ⋯⋯⋯⋯⋯⋯⋯⋯⋯⋯⋯⋯ 27
　　一、社会服务功能数字化重构的必要性研究 ⋯⋯⋯ 27
　　二、社会服务功能数字化重构的可行性研究 ⋯⋯⋯ 43

第四章　吴锦堂文化遗迹分析 ⋯⋯⋯⋯⋯⋯⋯⋯⋯⋯ 71
　　一、概况及保存现状 ⋯⋯⋯⋯⋯⋯⋯⋯⋯⋯⋯⋯ 71
　　二、核心特质 ⋯⋯⋯⋯⋯⋯⋯⋯⋯⋯⋯⋯⋯⋯⋯ 87
　　三、文化价值 ⋯⋯⋯⋯⋯⋯⋯⋯⋯⋯⋯⋯⋯⋯⋯ 90

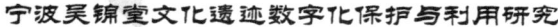

第五章 数字化背景下吴锦堂文化遗迹社会服务功能的基本思路和策略 ········ 94
- 一、社会服务功能的基本思路 ········ 94
- 二、社会服务功能的战略重点 ········ 102
- 三、社会服务功能的实现途径 ········ 107

第六章 吴锦堂文化遗迹数字化保护方面的技术 ········ 127
- 一、数字文本资源的保护 ········ 127
- 二、数字图像资源的保护 ········ 131
- 三、数字音频资源的保护 ········ 138
- 四、数字视频资源的保护 ········ 141
- 五、三维数字资源的保护 ········ 146

第七章 吴锦堂文化遗迹数字化展示方面的技术 ········ 151
- 一、现场数字化展示技术 ········ 154
- 二、数字化展馆（馆内）技术 ········ 156
- 三、网上展馆（在线）技术 ········ 158
- 四、数字化展示的基本程序 ········ 159

第八章 吴锦堂文化遗迹数字化传播方面的技术 ········ 167
- 一、官网设计 ········ 168
- 二、微博设计 ········ 173
- 三、微信设计 ········ 178
- 四、App 设计 ········ 180

第九章 吴锦堂文化遗迹数字化信息服务方面的技术 ········ 182
- 一、数字化信息检索服务 ········ 182
- 二、数字化信息报道与发布服务 ········ 186
- 三、数字化信息咨询服务 ········ 189
- 四、数字化网络信息服务 ········ 193

第十章 数字化背景下吴锦堂文化遗迹社会服务功能的
　　　　展望和建议 ·· **197**

　一、展望——搭建学、研、产、用数字平台，促进

　　　资源与当地数字经济接轨 ···································· 197

　二、建议——深挖数字资源内涵，更新升级社会服务

　　　功能 ·· 203

参考文献 ·· **207**

附录 "文化遗产数字化"领域的相关网站 ················· **210**

第一章　绪论

一、背景与意义

　　对吴锦堂文化遗迹进行社会服务功能的数字化重构，有其特殊的时代背景和意义。当下，文化遗产数字化保护和展示已经成为未来发展的主流趋势之一，尤其是近20年来，信息化技术迅猛发展并被广泛应用于各个学科，对于文化遗产领域而言，三维激光扫描设备的不断更新和完善、高像素数码相机和高清数码相机的不断发展、无人机的广泛使用以及各种三维数据平台的组建，使文化遗产的数字化保护越来越受到业内人士的重视，成为业内人士的共识。国内目前针对数字化展示研究的新技术层出不穷，从较早出现的网络媒体技术、交互体验技术等，到如今应用广泛的增强现实技术（AR）和虚拟现实技术（VR）等，数字技术的高速更迭为文化遗产注入了新的活力，给数字化的发展带来了更多可能。不论是可移动文物还是不可移动文物，都可以通过数字化技术进行保护和展示。文化遗产的数字化内涵不仅可以让文化遗产借助数字技术获得重生，而且可以通过数字化技术挖掘文化遗产新的生命力，使其形成新的价值和文化意义，从而使文化遗产能有更加广泛的利用空间，以全新的模式迎接新时代的机遇与挑战。

　　《国家"十三五"时期文化改革发展规划纲要》指出，要推动中华文化走出去，统筹对外文化交流、传播和贸易，创新方式方法，讲述好中国故事，阐释好中国特色，让全世界都能听到听清听懂中国声音，不断增强中国国际话语权，使当代中国形象在世界上不断树立和闪亮起来。《纲要》还提出，要加快文化产品市场建设，发展基于互联网的新型文化市场业态。此外，各地方政府也十分重视文化数字化发展，如浙江省率先运用数字化、多媒体现代信息手段，建立了浙江省非物质文化遗产综合资源数据库，让民众深切感受到非物质文化遗产的文化魅力，从而能在全社会形成文化自觉、文化自信、文化自强的意识和氛围。毫无疑问，浙江省的非物质文化遗产保护工作已经走在全国前列，成为我国非物质文化遗产保护方面的重要示范。

相对于传统物质文化遗产的展示利用而言，数字化方式具有其独特的优势。不仅可以弥补传统展示方式在时间和空间概念上的缺陷，加深人们之文化记忆，丰富人们之文化体验，拓展出更加丰富多样、立体多维、鲜活可感的内容，帮助人们充分了解吴锦堂文化遗迹的精神实质和文化内涵，促进人们与文化遗产之间的情感共鸣；而且，可以突破交流界限和文化壁垒，以线上线下齐头并进的方式，拉近文化距离，让世界各地的人文历史爱好者和研究者都能及时、深刻的了解到吴锦堂文化遗迹，不断增强所在地的文化传播力和影响力。同时，可以通过构建数字信息网络平台为用户提供在线的数字化信息检索、交流发布、信息咨询、信息共享以及个性化知识等服务内容，延展文化遗产的社会服务功能，促进地区数字经济转型发展，从而适应时代发展的潮流。

伴随着数字经济社会的发展进程，新技术得到了广泛而迅猛的应用，人们的文化观念和审美层次也在数字化技术的影响下不断发生着变化。文化遗产数字化发展无疑要面对发展理念、功能转化、空间维度的拓展、展示手段与技术运用的更新等一系列问题。而文化遗产的内涵该如何进行数字化阐释，也需要进行系统探讨。只有基于前期充分的研究、投入、转化和实践，才能产生具有开拓性的数字化成果，才能带给人们更多的亲历感、参与感，在体验中建立知识链接，增强文化自豪感和自信心。如今，文化遗产社会服务功能的数字化重构已经开始走向多元化的道路，其方式方法越来越凸显人的主动参与和互动，更加注重数字化内涵的表达和寓教于乐的体验效果，更加倾向交互式、场景式、服务式的转化。同时，一系列高新技术的应用使得文化遗产的社会服务功能数字化表达进入了网络化、个性化和智能化的发展阶段。

因此，就吴锦堂文化遗迹而言，进行社会服务功能的数字化重构，形成一套完整的数字化保护、展示、传播、信息服务和文创产业发展的方案体系，具有非常重要的意义和价值。第一，推动吴锦堂文化遗迹数字化资源的全面整理，有利于充分挖掘其数字文化的内涵和价值。第二，从技术层面为吴锦堂文化遗迹社会服务功能的数字化重构提供具体对策，不仅着眼于数字化保护、展示、传播等方面的设计，而且从活化利用、服务社会的视角，提供了不同路径的数字化实施路线。第三，既为吴锦堂文化遗迹社会服务功能的数字化重构提供了较为完整的顶层设计，还为深入阐释吴锦堂文化遗迹的历史人文价值提供了新范式和新思路，也为更深层次的保护、展示、传播和利用奠定了坚实基础。通过本书的研究，推进吴锦堂文化遗迹社会服务功能的数字化重构，形成相对完整的数字化保护、展示、传播和利用等策略，为未来当地数字经济时代的发展，起到直接的推动作用。

二、文化遗产数字化建设现状

在以互联网、大数据、人工智能为代表的信息技术的迅猛发展和影响下，国内外对文化遗产的数字化保护研究取得了长足的发展，国际社会一直以来对文化遗产的数字化建设格外关注，有些国家目前已经建立了完善的数字化保护体系。因此，数字化语境下的文化遗产保护和利用工作，在全世界都被赋予了较高的关注度。

从 1992 年开始，为了便于永久性地保存和最大限度地让公众公平地享有文化遗产，联合国教科文组织推动"世界的记忆"（Memory of the World）项目，在世界范围内进行文化遗产的数字化建设，其核心和主题是运用现代信息技术对文化遗产资源进行数字化展示与保护。20 世纪 90 年代初，美国、日本及欧洲一些国家等，已开展了涉及文化遗产数字化工作的信息化建设，并取得了一定的社会效益和经济效益。

美国是世界上最早将本国文化遗产进行数字化保护与展示的国家，也是是世界上文化遗产数字化保护技术最全面、最成熟的国家，在文化遗产数字化领域处于世界领先地位。其中，最负盛名的美国图书馆"美国记忆"项目，就是利用国会图书馆丰富的馆藏资源，将500万件历史文献资料源转化为数字信息，利用互联网为观众提供在线浏览信息，将其广泛传播至世界各地，充分实践了让人类享有遗产权利的初衷。目前，它已经成为美国文化遗产规模最大且最为成功的在线案例，不仅收获了巨大的社会效益，同时也获得了可观的经济效益。此外，美国斯坦福大学和华盛顿大学以及Cyberware公司，共同合作完成的数字化米开朗琪罗计划，也是一个非常成熟完善的文化遗产数字化保护案例。它是通过三维激光扫描的方式采集米开朗琪罗生前创作的大型雕塑，最终生成三维空间的虚拟雕塑形式，不仅非常有利于文化遗产的保存，而且有利于推动文化遗产的全球传播和展示，真正实现了文化遗产的传承与发展。

加拿大政府在1996年5月制订了"建设信息社会——使加拿大进入21世纪"的行动计划，并为此成立了专门的机构——加拿大遗产信息网络，统筹全国的数字化工作，为文化遗产的数字化及知识的大众化做了充分准备。英国政府于1997年提出了"全国学习网"计划，即是全国的大专院校、图书馆、博物馆与"全国学习网"连通，使整个社会均能有机会和途径获取知识及接受教育，创造一个"知识社会"的网络化平台。法国政府将文化遗产信息网络的建设列为发展的重要项目，尤其是在学校教育、观光等方面，数字化资源得到了很好的利用。此外，欧洲很多博物馆利用数字技术对文化内容进行了数字化存储、记录和虚拟展示，成为名副其实的数字博物馆，比如大英博物馆利用先进的数字摄影技术，对珍贵的馆藏进行高精度的拍摄，把藏品进行了数字化的留存与传播；法国卢浮宫也完成了数字博物馆的虚拟漫游工程，在文物数字化领域取得了很大成就。

在亚洲，日本的文化遗产数字化保护工作远远领先于其他国家。日本将传统文化的数字化当作国家文化建设及树立日本国际形象的重要策略。例如，日本日立制作所的"数字源氏物语图",成为日本的"数字文化大使",成功地树立了日本传统与现代文化相融合的国际形象。同时,日本还专门制定了文化遗产数字化、信息化保护与展示制度,由政府和专家组成专门委员会具体负责相关技术人员编制计划,并经充分论证后,付诸实施。

综上所述,尽管全球各国的数字化建设水平参差不齐,各国文化遗址的特色不一,对文化遗产保护的重视程度也不尽相同。但是,利用数字化技术展示和保护文化遗产已经成为世界范围内行业共识。当前,世界发达国家均是以国家政策为主导,以公共资金启动文化遗产数字化建设,换个角度而言,文化遗产数字化的发展,在某种程度上已经成为评价一个国家信息技术的重要标志。

回顾国内,近20年来,我国对于文化遗产的数字化保护工作也给予了极大的重视。2011年,十七届六中全会所做的《决定》,将文化遗产的保护工作提升到国家层面,予以高度重视。然而,目前作为文化遗产规模达40多万处的中国,对文化遗产的数字化建设还缺乏一套系统完整的体系,以及丰富的经验和方法。但值得肯定的是,文化遗产的数字化保护正在被我国一些高校、企业和科研院所重视起来,越来越多的人关注到这一领域的研究。当下,在国内文化遗产数字化保护领域中,具有代表性的大型数字保护项目主要有:

1. "数字敦煌项目":微软亚洲研究院与敦煌研究院联手为敦煌文化打造的"飞天号"10亿级像素数字相机系统,通过对敦煌壁画的精准数字化扫描与拍摄,使珍贵的文化遗产资料得以数字化记录与储存,为数字化保护工作带来了巨大便利。我们可以看到,文化遗产本身虽不能永存,但利用先进的科学技术,可以对文化遗产进行有效的记录、修复与保护,使珍贵的文化遗产以数字化的方式得以再生和永续,为人们打开了一个更广阔的文化空间。

2. "数字故宫项目":故宫博物院与日本凸版印刷公司合作,成立了故宫文化遗产数字化应用研究所,利用虚拟现实技术创作了《紫禁城——天子的宫殿》等作品,游客们无须亲自前往故宫太和殿,便可在演示厅通过自主操控进行参观,太和殿的三维影像精确地投射到巨型环幕上,充分满足了游客了解故宫文化、体验故宫精品的需求。同时，故宫博物院在2015年出品了基于平板电脑的App——《韩熙载夜宴图》，将静态的历史画作再现成一场声像并茂，且极富立体感的艺术盛宴。而在2010年的上海世博会上，水晶石数字科技有限公司就已经通过巨型环幕投影的沉浸式体验方式，将《清明上河图》数字化重构出来。

3."数字圆明园项目"：清华大学和北京市文物局于2009年共同承担的"数字圆明园项目"，通过三维激光扫描技术，进行虚拟拼接研究复原圆明园西洋楼海晏堂的保护工作。此外，北京理工大学的研究团队也曾利用增强现实技术，开展了"圆明园的数字重建"项目。

4."数字三峡项目"：南京大学利用信息技术、三维扫描技术和高精度摄像系统，大量地获取三峡历史文化遗址、景观的三维图像与数据，并生成物体与场景的三维全景模型，完整、真实、生动地再现了长江三峡两岸丰富的历史文化遗址原貌。

除此之外，还有很多数字化项目和工程都受到越来越多的关注。我国作为各类文化遗产资源极为丰富的重要大国，应在世界文化遗产数字化大潮推动下，结合构建具有中国特色话语体系的发展要求，充分发挥文化遗产在数字化背景下的社会服务功能，增强民族自信心和自豪感，从而提升国家文化软实力。这也将是中国为世界文化发展做出的重要贡献。

三、研究的内容

文化遗产记录着人类文明的发展历程，是全人类认识自身过往，探索未来的重要依据。它作为不可再生的珍贵资源，如何在时代背景下发展和传承文化精神内涵，无疑是一个全世界需要共同面对与解读的课题，某种程度而言，对文化遗产的关注也是人类社会进步的显著标志。值得庆幸的是，当下社会信息科技飞速发展，数字媒体产业迅速崛起，利用数字化手段对文化遗产进行保护和利用，激发文化遗产在新时代的社会服务功能，已经逐渐成为一种更有意义和价值的发展和传承方式。

本书共分 11 个部分探讨吴锦堂文化遗迹的社会服务功能数字化重构的对策。首先明确本书研究的背景与意义、思路与方法、价值与创新；其次深入阐述社会服务功能理论，并充分论证吴锦堂文化遗迹的社会服务功能数字化重构的必要性和可行性；而后分析吴锦堂文化遗迹的文化遗产现状、特质与要素，进而提出吴锦堂文化遗迹的社会服务功能数字化重构的基本思路和策略；接着详细探索吴锦堂文化遗迹在数字化保护、展示、传播、信息服务及文创方面的技术可能；最后针对吴锦堂文化遗迹的社会服务功能提出展望和建议。

各章节研究内容摘要如下：

第一章：绪论。主要是引言性的内容，涵盖了吴锦堂文化遗迹社会服务功能的背景与缘由、目的与意义、现状与内容、思路与方法、价值与创新等部分。

第二章：关于社会服务功能的理论阐释。主要旨在清晰地阐释什么是社会服务功能？其本质属性和内在特征是什么？分类构成情况如何？决定社会服务功能强弱的因素主要有哪些？社会服务功能的形成机制是怎样的？从而引领"社会服务功能"理念的理论体系，包括对国内外社会服务功能研究成果的综述；社会服务功能的内涵、特征及分类构成；决定和影响社会服务功能的主要因素；社会服务功能的形成机制与实现路径等四个部分。

第三章：吴锦堂文化遗迹社会服务功能数字化重构的必要性及可行性。主要论证本书数字化重构的必要性和可行性，包括本书数字化重构的独特价值、现状和问题、基本观点、概念阐释、技术基础、经验基础和前期基础等内容。

第四章：吴锦堂文化遗迹文化遗产分析。主要评估吴锦堂文化遗迹的保护现状，为其社会服务功能的数字化重构提供现实依据，具体涵盖对吴锦堂文化遗迹分布范围及现状、核心特质以及文化价值要素等内容。

第五章：数字化背景下吴锦堂文化遗迹社会服务功能的基本思路和策略。

主要研究吴锦堂文化遗迹社会服务功能的数字化重构的基本思路、战略重点和实现途径。

第六章：吴锦堂文化遗迹数字化保护方面的技术。主要研究内容包括对吴锦堂文化遗迹数字文本资源的保护、数字图像资源的保护、数字音频资源的保护、数字视频资源的保护以及三维数字资源的保护等五个方面。

第七章：吴锦堂文化遗迹数字化展示方面的技术。主要研究内容包括吴锦堂文化遗迹数字影像展示、交互体验展示、虚拟仿真展示及智慧展览展示等。

第八章：吴锦堂文化遗迹数字化传播方面的技术。主要研究内容包括吴锦堂文化遗迹的官网设计、互联网展馆设计、微博微信设计和App设计等传播形式的技术设计。

第九章：吴锦堂文化遗迹数字化信息服务方面的技术。主要研究内容包括吴锦堂文化遗迹的数字化信息检索与提供服务、数字化信息交流与发布服务、数字化信息咨询服务、数字化信息共享服务以及个性化信息服务等。

第十章：吴锦堂文化遗迹社会服务功能的展望和建议。以课题研究为基础，展望如何搭建产、学、研、用数字平台，促进文化遗产资源与当地数字经济接轨，并提出深挖文化遗产内涵，运用数字技术升级社会服务功能等相关建议。

四、研究的思路与方法

（一）研究思路

首先，深入了解吴锦堂文化遗迹社会服务功能的社会价值、文化价值和历史价值。在此基础上，评估现有数字化技术在吴锦堂文化遗迹社会服务功能运用上的适用性和可行性，并对其文化遗产范围、现状、核心特质及文化价值要素等进行细致的分析。在充分把握未来数字化技术发展趋势的前提下，确定其社会服务功能的基本思路和策略，从吴锦堂文化遗迹的数字化保护、数字化展示、数字化传播、数字化信息服务和数字化文创这五个方面展开技术实践探索，为吴锦堂文化遗迹的社会服务功能的数字化重构打下坚实的理论研究和设计实践基础。

（二）研究方法

1. 文献调查法

文献调查法是开展理论研究的基础研究方法。在本书研究中，需要查阅大量关于吴锦堂文化遗迹的已有文献，充分了解社会服务功能的相关概念，并对比研究国内外文化遗产数字化重构的典型案例和成功经验。同时，通过全面准确地了解文化遗产社会服务功能及其数字化保护、利用、开发的内涵和现状等问题，形成对本书的进一步论述和研究语境。在已搜集和掌握文献的基础上，不断关注与新的数字化技术相关的文献，进而充实研究内容。

2. 田野调查法

只有通过对吴锦堂文化遗迹实地案例的调研，以及对现状的调研和资料收集，才能发现问题进而更有针对性地开展社会服务功能数字化重构研究。通过现场调研、田野勘测和采集，获取现场资料，归纳出优势和不足，为设计实践准备客观、真实的基础资料。

3. 跨学科研究法

跨学科研究方法强调各种研究方法的相互借鉴与渗透，是现代学科发展的必然趋势。跨学科研究法是本书的基本研究方法，最终目的是为了达到知识和技术的复用和创新，即通过充分运用多学科的理论、方法和成果，从整体上对文化遗产社会服务功能的数字化重构进行综合研究。

4. 比较研究法

通过查阅国内外关于社会服务功能研究的成果，以及典型的数字化展示特征系统分析，并结合国内现阶段社会经济形势的特点和相似案例进行比较研究。而后，根据吴锦堂文化遗迹的现状条件，做出相应的设计判断，寻找值得借鉴的研究思路。

5. 访谈研究法

在以上几种研究方法的基础上，进一步采用专家访谈法。根据本书掌握的大量研究资料，对省内外相关业内专家进行走访和交流，认真听取他们对吴锦堂文化遗迹社会服务功能数字化重构的意见与建议，希望集专家之智慧，对本书的研究有所启迪。

五、研究的价值与创新

（一）研究价值

1. 借助数字化技术，全方位、多角度地激活吴锦堂文化遗迹的社会服务功能。运用数字化技术重构吴锦堂文化遗迹，实现不可移动文物数字化保护、展示和宣传，传承珍贵的历史、文化及教育精神，并促进慈溪地区的旅游发展。

2. 推出具有示范性效应的多样化创新研究成果。通过对吴锦堂文化遗迹的数字化挖掘、保护，推动吴锦堂文化遗迹数字化展示、传播、信息服务和文创产业不断发展，从而促进我国教育建筑乃至近代建筑的数字化重构工作的持续前进。

3. 在保护、展示和传播吴锦堂文化遗迹的基础上，力争巩固、突破并掌握一系列数字化文化遗产保护的新技术、新方法、新体系，总结出适应新时代需求的综合性、交叉性、服务性的新理念。

4. 对吴锦堂文化遗迹进行数字化重构是为世界文化的多样性、文化遗产的可持续性做贡献。联合国教科文组织（UNESCO）一直倡导尊重"世界文化多样性"、"遗产作为可持续性的促进力量的工程"的观念，吴锦堂文化遗迹包括近代教育历史文化等诸多人文要素，利用数字化技术对其进行重构，不仅能使文化遗产保护永存不朽，同时还能提升遗产的社会效益和可持续发展动力。

5.吴锦堂文化遗迹利用数字化技术重构可为今后发展留存重要的文化资源。文化遗产具有罕见性、不可再生性和不可复制性,是文化的重要组成部分和全人类文明历史的精华,也是可持续发展必须依托的重要资源。人类利用自己的智慧保护如吴锦堂文化遗迹等珍贵的文化遗产责无旁贷。

(二)研究创新

全国重点文物保护单位锦堂学校是近代中国教育史上颇具浓墨重彩的一笔,具有重要的历史、文化和教育价值。而国内在对近代教育建筑进行数字化保护、展示和利用方面进展相对缓慢。同时,目前国内也尚未发现对综合性遗产有全面而具体的数字化保护、展示和利用工作。本书则率先运用数字化技术对集近代教育建筑、名人故居和墓为一体的文化遗产进行了重构,走在了此类工作的前列。通过对吴锦堂文化遗迹的数字化实例探析,可以建立一套综合性遗产数字化保护、展示和利用的示范体例,从而更好地激活数字化背景下文化遗产社会服务功能的发挥。

第二章 关于社会服务功能的理论阐释

一、国内外相关研究成果综述

文化遗产的"社会服务功能"是一个新兴概念,国内外学术界关于文化遗产社会服务功能并没有形成统一的认识。由于文化遗产的社会服务功能是文化遗产功能的延伸和扩展,故此要弄清这一概念的内涵,需要先从文化遗产的功能说起。

散存在世界各地的不可移动文化遗产,都是古代文明中的杰出创造,是当地重要的文化资源,也是各个国家所重视的文化财富。因为不可移动文化遗产的体量,以及建造方式,或其他方面的原因,使得它们只能在原地保存。比如国内的敦煌、云冈石窟、克孜尔石窟等,国外的埃及金字塔、秘鲁马丘比丘遗址等等,不胜枚举。目前,不可移动的文化遗产大部分于所在区域都有受到保护的范围,基本上都是名声显赫的旅游胜地,而像马丘比丘那样的国际旅游胜地则是驴友的必须打卡地,人们行走在当年印加人所走的古道上,就好像中国的茶马古道,连接着与之关联的人文历史。如此这般,才形成了各地不可移动文化遗产当今需要面对的社会关系,既要妥善保护,又要活化利用。

毫无疑问,具有代表性的不可移动文化遗产对于国家和城市的重要性是难以比拟的,就如同国外游客到中国,"不到长城非好汉"是一个最基本的观光和见证项目,而游客在埃及则必去膜拜金字塔一样。

不可移动文化遗产因为历史久远而透露出了许多可知与不可知的历史文化信息,它们的存在,就是历史的见证。因此,每个人不管其身世背景和学识高低，它们面对不可移动文化遗产的可游、可观、可思、可想、可研、可学，都会有各自的不同收获，而这正是文化旅游的独特魅力。

文化遗产具有罕见性、不可再生性和不可复制性，是全人类文明历史的精华，也是文化的重要组成部分。在长期为社区和群体服务过程中，文化遗产使人们产生了文化认同感和延续感，对满足个人需要和社会需要起到重要作用。新时代背景下，文化遗产作为人类适应自然和社会环境的制度遗产形式，拥有比较完善的组织和运营网络，形成了一套行之有效的体系。

英国著名人类学家马林诺夫斯基在文化功能论中提出"需要"与"功能"是两个核心概念，人有基本需要（生物需要）和衍生需要（文化需要），为满足基本需要，人类需要用生产食物、建造房屋、缝制衣服等人文方式，在这个满足需要的过程中，人就为自己创造了一个新的、衍生的环境，即所谓文化。这个用文化来满足人们基本需要的方式，就是功能。而功能论的另一位著名人类学家拉德克利夫-布朗在其结构功能论中提出，功能是整体内的部分活动对整体活动所做的贡献，一切文化现象都具有特定的功能。无论是整个社会还是社会中的某个社区，都是一个功能统一体。构成整体的各个部分相互配合、协调一致，研究时只有找到各部分的功能，才可以了解它的意义。

总之，不论是文化功能论还是结构功能论，都可以用来解释文化遗产在人类社会中的作用，以及文化遗产如何满足和适应人的需求、如何保证社会整体有序、均衡运转的内涵。在服务社会与群体大众文化需要、满足人们的精神生活需要的过程中，文化遗产无疑具有十分重要的功能。

（一）国外相关成果简述

国外关于文化遗产社会服务功能的研究和实践主要是在与文化遗产相关的组织机构引领下展开的。2007 年联合国教科文组织提出"5C"战略，强调社区和文化遗产可持续发展的重要性；2011 年 ICOMOS 大会提到"遗产的保护和保存应考虑到未来的环境、社会和经济需求"；2015 年，ICOMOS

采用了联合国关于可持续发展的 2030 议程（UN Agenda 2030 for Sustainable Development）；2016 年 ICOMOS 采用新城市议程（New Urban Agenda），标志着其在文化与自然遗产方面的工作重心转向对 2030 议程和新城市议程的实施；2017 年在《国际古迹遗址理事会对联合国 2030 年可持续发展议程的关注》中也提出了"遗产作为可持续性的促进力量的工程"的观念；除此之外，欧洲、非洲等多个国家也纷纷推出与文化遗产和可持续性相关的各项报告和政策，可见将文化遗产与社会可持续发展关联已经成为全世界的共识。

在近几年的国际文化遗产实践案例中，激活文化遗产功能、活化文化遗产的案例不胜枚举。1987 年，墨西哥圣卡安自然遗产被列入世界遗产名录，其社区管理保护项目是一种在把当地景观视作整体的方法指导下，成功开发了捕鱼行业的合作社模式，带动民众参与，开发本土鱼产品、农产品品牌，将旅游经营、当地特产的有机认证以及传统手工艺与市场营销进行整合，避免了无序管理、过度开垦以及利益冲突。同时，这样的社区集体行动保证了经济和行政管理的稳定。

英国被列入世界文化遗产名录的埃夫伯里遗址与巨石阵是新石器时代的遗址，因旅游文化的侵入使当地居民与遗址产生了剥离感。于是，当地启动了 Residents'Pack 项目，通过收集口述史、图文影像、文章等资料，拓宽了遗产的价值内涵。基于新的价值阐释，多层次开发旅游项目，指导当地民众参与遗产运营，从而重新调动了居民与遗产互动的积极性。

意大利的赫库兰尼姆古城遗址，曾在 2002 年被评为非战乱国家古迹保护最糟糕的案例之一。该国后期通过一系列改进措施，于 2012 年焕然一新，成为各国纷纷效仿的案例。主要采取的措施包括：允许私营合作伙伴（慈善机构）为公共合作伙伴提供运行支持，创建一支由国际、国家、当地专业人士组成的跨学科团队，创建地方和国际研究合作者网络，推动遗产地宣传；推进公共资源在遗产保护上的应用，综合考虑居民对价值的看法、遗产对地区的影响以及遗产管理对于居民、遗产和环境的影响，帮助居民提升古城内的业态，从而推动遗址在居民生活与经济活动中发挥更加积极的作用，确立遗址管理和地区间的互惠关系。这些措施推动了遗址在居民生活与经济活动中发挥出更加积极的社会服务功能作用，使居民生活与遗址更为紧密、区域业态逐步提升。

美国伊利运河的案例以其管理规则——《伊利运河国家遗产廊道保护管理规划》为一大亮点，规划中对自然环境、旅游方式、经济增长提出了具体要求，并明确指出运河要作为地区、全国与国际游客的旅游目的地，同时，还讨论了很多开发理论，比如农业的提升、品牌的推广等。

韩国的南汉山城为了解决现存矛盾，建立了社区参与制度，其具体参与方式包括建立居民保护组织委员会、组织"一处文化遗产、一位保护管理者"项目、发展多样化的文化旅道计划、开展教育与培训项目等。

总体上看，国际上对文化遗产的社会服务功能的研究已经较为成熟，并且具有一定深度。国外研究深化的逻辑主线主要是沿着一般性文化遗产功能，到国际性文化遗产功能，再到世界文化遗产的功能逐步演化的。文化遗产所具有的能级，是决定其功能性质和构成差异的主要因素。同时，也应清楚地看到，国外研究并未明确提出文化遗产的"社会服务功能"的概念及理论框架，但其中一些研究成果和实践探索已经涉及对文化遗产的社会服务功能的认识，特别是欧美一些地区对世界文化遗产功能的深刻认识，值得我们借鉴和思考。

（二）国内相关成果简述

国内对文化遗产社会服务功能研究的理论和实践是层层递进的。2005年12月，由国务院颁布的《关于加强文化遗产保护的通知》，是首次在正式文件中以"文化遗产"这一术语取代了过去常用的"文物""古迹"等概念，并将文化遗产分为物质文化遗产和非物质文化遗产两类。[①]虽然长期以来，一直缺少一个明确、统一的"文化遗产的社会服务功能"的概念，但已有学者从不

---

① 关于加强文化遗产保护的通知[Z].国务院公报，2006（05）.

同角度对文化遗产的内涵和特点进行了较为详细的解读，在此不再展开叙述。

（三）总体评述

关于文化遗产社会服务功能的研究是逐步深化的，从文化遗产的功能研究到文化遗产的社会功能研究再到文化遗产的社会服务功能研究。随着时代的发展，文化遗产的社会服务功能也在不断转变和拓展。通常满足自身发展需求的功能是文化遗产的内部功能，对外部产生作用和影响的功能是文化遗产的外部功能；而社会服务功能不仅包括文化遗产的内部功能，而且更多是指文化遗产的外部功能，是文化遗产在国家或一定区域范围内所起的作用以及承担的责任。当然，在各种文化遗产的社会服务功能背后，对应的是不同性质、不同功用、不同特点的文化遗产的主导性功能，无论如何进行功能类别的划分，社会服务功能无疑是所有文化遗产功能的重要组成部分。

二、文化遗产社会服务功能的内涵、特征及分类构成

（一）内涵分析

根据文化遗产功能演进的逻辑进程，结合国内外有关学术研究成果，我们认为所谓文化遗产的社会服务功能，主要指利用文化遗产的历史价值、文化价值、精神价值、科学价值、社会价值、经济价值、审美价值和教育价值等，以各种展馆和文物保护单位管理机构为载体，为社会公众提供全面、实用、高效、经济、便捷的服务的一种综合性功能。对此定义，可以从以下几个方面进一步深化理解：

1. 社会服务功能主要体现为利用文化遗产基本价值（历史价值、文化价值、精神价值）进行展览展示、传播、教育等功能。即利用自身的历史价值、文化价值、精神价值等，为民众提供服务的活动与能力。

2. 社会服务功能承载主体主要为纪念馆、博物馆、文化馆、展览馆和文物保护单位管理机构等。文化遗产的社会服务功能是通过具体的各式各样的"馆"的载体形式表现的，如纪念馆、博物馆、文化馆、展览馆和文物保护单位管理机构等，这无疑是文化遗产内质文化与社会交融的基本媒介。

3. 社会服务功能与文化遗产类型高度相关。文化遗产的类型与其社会服务功能紧密相关，世界上许多以文物、建筑群和遗址著称的文化遗产，比如中国的故宫和埃及的金字塔，虽都是世界著名的优秀文化遗产，对发展民族文化和旅游经济、促进文化产业发展均具有重要作用，但其社会服务功能却不尽相同。

4. 不同文化遗产的社会服务功能具有不同特色。社会服务功能涉及多种功能的集合，尤其是规模庞大的文化遗产，一般具有更加综合的服务种类和服务能力。它既包括基本服务功能，如展览展示功能、传播功能、教育功能、研究功能等，也包括文化服务功能，如旅游服务功能、信息服务功能、交流服务功能和休闲服务功能等。但是，由于核心或主导功能的差异，不同文化遗产的社会服务功能必然具有不同的特色及功能侧重点。

5. 社会服务功能可为文化产业提供创意产品。一般而言，文化遗产的社会服务功能主要以展览展示为核心，由于现代信息技术的迅猛发展及广泛应用，社会服务功能在组分构成上也凸显出较为综合、复杂和多元的特点，如以文化遗产为主要表现内容的文化创意产品的繁荣发展，因此提供文创产品也成为文化遗产社会服务功能应有的内容。

（二）主要特征

通过进一步总结和研究表明，文化遗产的社会服务功能具有如下几个重要特征：

1. 对外服务性特征

社会服务功能主要体现在文化遗产的基本服务活动上，即主要为社会公众提供各种展览展示、传播教育、信息交流等服务，具体可分为基础性服务功能和文化性服务功能两个部分。然而，对外服务性是文化遗产社会服务功能的一个突出特征，体现为文化遗产在社会大环境中发挥的文化影响力，而不是局限于内部的文化遗产保护活动和行为，更强调对外的服务理念。

2. 资源集聚性特征

社会服务功能大多是通过聚集文化遗产各相关联价值内容的基础上体现的，只有相互关联的不同价值协作和安排，才能形成多样化的社会服务功能。如运用文化遗产的历史价值、文化价值、精神价值、科学价值、审美价值和教育价值等，拓展社会服务功能的表现形式，不仅重构了文化遗产的文化内涵，而且增强了文化遗产的竞争力。在实践中，专业性服务功能可以通过设计规划某些特定的文化遗产价值集中体现。

3. 逐层递进性特征

社会服务功能具有历时性演变的特征，文化遗产因其所处的阶段不同，其社会服务功能的侧重点也有所不同。一般而言，文化遗产的社会服务功能从最初的遗产保护层面，逐渐发展到展览展示层面，进而延展到活态利用层面，乃至文化服务层面，在此过程中，文化遗产社会服务功能表现出逐层递进、不断深化的特点，其演进依附于时代的发展、科技的进步以及人们对文化遗产认知的更新。

4. 综合带动性特征

文化遗产的社会服务功能与服务业的概念具有本质的差异，前者是基于文化遗产的价值和特色、设施和载体、制度和政策等要素的不断优化，组合形成先进的生产力，包括文化遗产的发展理念、发展模式、优质服务和信息平台等内容，以对文化事业的发展产生强大影响力和带动作用，并且与地区形成良好的文化生态关系，不断增强文化遗产社会服务功能的辐射力，最终实现更好的社会效益和经济效益。

5. 特色差异性特征

不同类型文化遗产的社会服务功能具有不同特色。其特色差异性特征主要体现在两个方面：第一，文物包括可移动文物和不可移动文物，可移动文物社会服务功能相对单一简单，而不可移动文物社会服务功能则相对综合复杂；第二，同类型文化遗产的社会服务功能也会呈现差异化，如中国的故宫、俄罗斯的克里姆林宫、法国的凡尔赛宫、英国的白金汉宫、美国的白宫等世界五大宫殿，虽属同类型文化遗产，但其社会服务功能却因其不同文化特色而凸显出不同的功能特点。

（三）分类与构成

文化遗产社会服务功能的具体分类与构成较为复杂。其分类从服务功能的主要作用来看，既包括提供生产性服务，也包括提供生活性服务；从服务功能的性质来看，既包括基础性服务，又包括文化性服务；从服务功能的繁简程度来看，既包括单一品种服务，还包括综合复杂品种服务；从服务功能的支撑产业来看，既包括提供以服务业为主要内容的服务，也包括提供以文化产业为依托的创意产品生产的服务。根据主要功能性质的划分，文化遗产社会服务功能的构成包括保护传承服务、展览展示服务、传播教育服务、科学研究服务、信息交流服务、旅游休闲服务、文创产品服务等服务品种或类型。

在这里需要特别强调的是关于文化遗产社会服务中基础性功能服务和文化性功能的关系与分类。文化遗产社会服务功能构成中的各种单项功能不是绝对的平等和等量，而是存在着主次差异的。基础性功能是指所有文化遗产必然具备的共同功能，表明文化遗产的共性，比如保护传承功能，它区分的是文化遗产与其他文化的基本差别；文化性功能是指在文化遗产诸多功能中处于突出地位的功能，影响文化遗产其他功能的运行，决定着文化遗产的性质导向，其定位和发展方向表明文化遗产的特点，区分与其他文化遗产的差异。文化遗产的文化性功能主要有两大特征：一是对文化遗产发展的决定作用，即对文化遗产的重构和发展具有支配作用，文化遗产因其盛而盛，因其衰而衰；文化遗产价值是其发展的灵魂，决定着文化遗产发展方向、功能选择以及功能布局，而文化遗产的价值和性质主要取决于文化遗产的文化性功能。二是对文化事业的带动性作用。即文化遗产的文化性功能是以满足民众对文化需要而发挥其主导作用的，它是文化遗产重构及文化事业发展的基础，不同文化遗产的文化性功能，确立了不同的文化事业发展定位。

每一项文化遗产都有自己独特的文化性，在不同的发展阶段，因社会、历史、经济、科技等条件的不同，文化性功能也有所变化，功能辐射强度及作用范围也会各有差异。文化遗产的文化性功能是一直在不断发展演变的，重构和创新是其发展过程中的一个重要规律，即其已有功能被新的功能替代，使整个文化遗产结构发生巨大变化，从而也使文化遗产的性质发生了显著变化。也正是基于不断变迁，文化遗产的社会服务功能才得到了创新和发展。其主要表现以文化产业的变迁和发展为载体。

总之，一项文化遗产的文化性功能是其主要支柱，只有在基础性功能的基础上不断强化文化性功能，形成优势文化产业、创新产品以及核心文化竞争力，并结合文化性功能的拓展交流领域，才能更好地发挥其在社会服务体系中的作用。

三、决定和影响文化遗产社会服务功能的主要因素

（一）区位条件

通过考察世界遗产的空间分布发现，世界遗产主要分布在北半球经济和文化都比较繁荣的西欧国家，而后是亚太地区包括中国和日本等在内的东亚国家。这种分布情况与该类地区复杂多样的地形地貌和气候类型、悠久的土地开发历史、独特的地域文化、较高的经济发展水平和相对稳定的社会环境有关。[①] 区位条件即区位本身具有的条件、特点、属性、资质，其构成因素主要包括自然资源、地理位置，以及社会、经济、科技、管理、政治、文化、教育、旅游等方面，一个地区的区位优势主要是由自然资源、劳力、工业聚

---

① 张珍珍，熊康宁，肖时珍等.全球世界遗产时空分布与列入标准研究[J].世界地理研究，2017（2）.

集、地理位置、交通等决定；同时，它也是一个发展的概念，会随着有关条件的变化而不断改变，可以准确地讲，优越的地理区位条件是文化遗产社会服务功能形成与发展的必要条件之一。

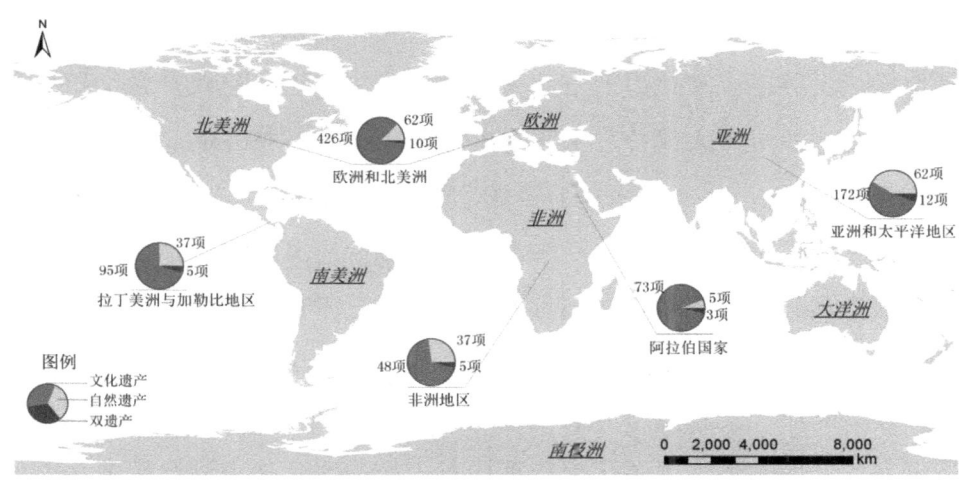

全球世界遗产的空间分布（资料来源：http://whc.unesco.org/）

（二）基础设施

文化遗产社会服务功能的有效发挥离不开完善的基础设施作为载体支撑，包括便利的交通基础设施、现代化的服务性基础设施以及先进的信息技术基础设施等。通过高速公路、铁路、航空港等交通设施，才有可能成为一个连接较大区域的文化中心。而现代化的服务性基础设施，包括停车场、导引、休息点、餐饮店、纪念商品部、特殊人群服务设施等，构成了文化遗产物质环境的必要因素，对文化遗产社会服务基础性功能的发挥产生着重要的影响。尤其是在数字化信息技术时代，先进的信息技术基础设施是文化遗产发挥信息服务优势、构建知识服务平台的重要保障，直接决定了文化服务、科技服务功能的发挥。

（三）资源类型

文化遗产的资源类型及其价值主要通过三个方面决定和影响着自身社会服务功能。第一，文化遗产的资源类型决定了文化遗产社会服务功能的性质，人们在确定文化遗产功能性质与定位时，通常是在文化遗产资源的文化性功能基础上进行甄别的。第二，文化遗产的类型特点和影响范围决定了其社会服务功能的辐射强度和文化要素的配置方式，也决定着文化遗产功能发挥的水平和效度。高水平的服务功能往往由效益高、创新能力强、带动力大的文化资源构成。第三，文化遗产资源聚集的规模决定了文化遗产社会服务功能发挥的强弱，如纽约大都会艺术博物馆（Metropolitan Museum of Art）的"开放资源获取"（The Open Access）项目，在大都会艺术博物馆的官方网站上点击"Collection"条目，即可浏览选择下载大都会艺术博物馆37.5万余件馆藏作品的高清图片；这一项目的问世，使大都会艺术博物馆的网站点击量和用户停留时间激增。文化遗产的社会服务功能与文化资源塑造的文化产业相辅相成，互为对应。文化遗产的文化性功能往往是由作为物质基础的优势资源创造出来的，而优势资源的优化和重构对于推进文化遗产社会服务功能的发展具有十分重要的意义。

（四）政策制度

文化遗产社会服务功能的优劣及特色主要为自主选择和布局的结果，但是，也有国家或地方为文化遗产某项功能专门制定政策以支持发展。例如，浙江省率先启动优秀传统文化传承体系建设，打造打响"美丽非遗"品牌，实现省市县三级非遗保护机构全覆盖，并且构建了省非物质文化遗产数字化保护平台，推动全省非遗保护工作走在了国家前列，创造了非遗普查的"浙江模式"和连续四批国家级非遗名录项目数量全国第一的"浙江现象"，还创新性地在全国非遗保护传承中开拓了"浙江经验"，这一系列有力举措无疑夯实了全省非物质文化遗产的发展基础，为日后通过数字化技术增加互动性和体验感展现浙江非遗精髓、丰富非遗传播形式、增强非遗社会服务功能，迈出了扎实的第一步。

（五）历史文化

一项文化遗产的历史文化积淀虽然不能从根本上决定其优势功能的选

择和服务功能的强弱，但却可以深刻影响文化遗产社会服务功能的特色。例如，江苏省内大运河沿线的文化遗产不仅形式丰富多彩，而且又各具特色，扬州的瘦西湖和古城、苏州的私家园林和古城、无锡的吴歌与道教音乐、宜兴的紫砂陶和均陶制作技艺以及泰伯庙会等江南文化遗产等等，因其各自历史文化因素不同，故对文化遗产社会服务功能特色产生的影响也是巨大而深远的。

四、文化遗产社会服务功能的形成机制与实现路径

文化遗产社会服务功能的形成机制大致情况如下：文化遗产以自身的文化资源优势为基础，运用资金、技术、人才、信息等要素重构其文化性功能，并在文化性功能优化和资源聚集效应的作用下，采用新技术、新制度和新方法，持续推动各种要素组合、整合与创新，形成更高水平的文化产业和发展要素；而后，通过文化产业延伸等机制，不断扩大文化遗产的影响力和竞争力，带动其文化产业的发展，从而实现文化遗产社会服务功能的不断升级；最终，能量不断累积的文化遗产又将开始新一轮循环，通过新聚集——新创新——新拓展的循环往复过程，推动文化遗产的产业结构不断升级，进而实现对外辐射强度越来越大。

基于这一形成机制，文化遗产通常是通过以下路径来实现社会服务功能的不断提升的：

1. 依赖聚集化发展

当前，我国文化产业呈现出集聚发展、数字化发展、融合发展、特色发展和共享发展的特点。其中，集聚发展是最基本、最常见的形态。集聚可以提高劳动生产率，加速信息流动，带来溢出效应等。[①] 文化遗产社会服务功能

---

① 祁述裕．把握文化产业集聚发展的特点与趋势[N]．光明日报，2018-12-03（07）．

主要通过文化资源的文化性功能集聚而实现，而信息服务、知识服务、文化创意等服务功能的集聚效应尤为突出。基于频繁协作而形成的创新效应、品牌效应等综合叠加，将有效提高社会服务效率，实现更广阔意义上的发展。

2. 依赖规划和布局

文化遗产社会服务功能依赖集聚而实现，集聚并非盲目的堆集，而是需要合理的规划和布局。例如故宫开发的手机App《每日故宫》以日历的形式推出，"每天一件故宫藏品"，给观众提供了随时随地观看故宫藏品的服务，精美的电子图片以及简练的藏品介绍带给了观众美的享受同时，有效地完成了藏品知识普及和教育的功能，让人们充分了解到藏品背后的历史文化，以及静态藏品产生的鲜活"动态感受"。此外，故宫在传统文化从简单商品到创意的过程中，搭建起了自己的文创商业版图及坚守IP价值与开放互动的产业链，还独家出品了手游《虚拟紫禁城》《皇帝的一天》，并与腾讯联合推出《天天爱消除》手游的故宫特别版。从旅游服务、文创产品到手机游戏，故宫依赖合理的规划和布局打造出文化遗产年轻化的文化意象，为更多的人群提供了更加贴近生活的社会服务，也为我国公共文化事业的完善与发展提供了新的路径。

3. 依赖服务方式和内容创新

文化遗产社会服务功能的强弱依赖服务方式和内容的创新，尤其是信息化技术与文化遗产社会服务功能融合日趋鲜明，信息化服务发展逐渐成为业界共识的今天，彻底革新了文化遗产的传统服务方式，创新了服务内容。例如，西安城市记忆App将西安的历史地图、现代地图叠加到一起，使用者走在西安的城市街头，打开手机App，会发现所在的地方可能是哪个朝代某人的府邸，或者下一个公交车站曾在某年某月考古发掘出了什么文物、现在收藏于某个博物院的某个展厅、编号是多少等等一系列信息。这种服务方式和内容的创新，将历史和现实交织在一起，让更多公众参与其中，使藏品脱离了博物馆的束缚，又回到整个生活中去，极大地增强了文化遗产的社会服务功能。

4. 依赖服务构成要素的结构优化

文化遗产社会服务功能的强弱，取决于服务构成要素的质量、结构及其组合方式。例如，数字圆明园项目通过"5R"——虚拟现实（VR）、增强现实（AR）、混合现实（MR）、交互现实游戏（ARG）、感应现实（ER）技术，将圆明园展现在人们面前，全方位调动感官，提供沉浸式体验。其中，虚拟游园系统通过虚拟现实技术，可以让使用者在任何地点进行自由观景，模拟真人移动、旋转、行走。同时，在此基础上开发的专业版可供研究人员在数字场景中获得详尽的空间数据与真实体验，也可以在系统中标注、记录、发布、共享研究结果，开展实时互动。除了基于遗址的导览应用，数字圆明园团队还与专业影视团队合作，拍摄《远逝的辉煌》圆明园数字纪录片。影片将实景拍摄与虚拟数字内容叠加，呈现出极富艺术性的效果；而后，依托研究团队的专业复原研究成果，推出一系列面向不同读者群体的图书，既有专业的学术类著作、论文集，也有向社会大众进行科普推广的普及型书籍。经过数字圆明授权，奥地利艺术家Barbara Salaun通过奥地利传统的铜版画技艺，对数字圆明园成果进行二次创作，绘制了《一抹"紫""金"之气》系列作品，并在世界范围内多次巡展；该作品被应用在奥地利某知名红酒品牌的标签以及奥地利的邮票上。这一系列的服务构成要素的结构优化，极大地提高了圆明园的社会服务能力，引领了文化遗产功能升级的新潮流。

5. 依赖文化资源的共享

单一的文化遗产资源难以积极引导社会服务功能的提升，只有通过文化资源的共享，相互配合、相互依存、相互支持，才能形成更稳定、更宽广的文化生态圈。例如，陕西数字博物馆的推出与成功上线为省内文化资源共享与整合提供了一条重要路径，即通过数字化对陕西文化资源进行整合。陕西众多的博物馆是陕西丰富文化资源的重要组成部分，浓缩了陕西以至中国历史文化的精华，利用博物馆发展陕西文化成为了必然的选择方式之一。陕西省文化资源的整合在很大程度上包括了博物馆的整合，而陕西数字博物馆工程战略，是以全省各地市博物馆、文物收藏单位和遗址遗存为建设对象，集中重点建设全省性、超大型、分布式、规范化、可共享的馆藏文物数据库、不可移动文物数据库和田野监控为一体的数据中心。全面覆盖的陕西数字博物馆，是对全省博物馆的有效展示和文化资源共享，也是对全省历史文化资源的一种有效整合。通过数字化网络技术，陕西博物馆及其文化资源将会得到充分的利用与开发，对其促进社会服务功能的向外拓展具有重大意义。

第三章　吴锦堂文化遗迹社会服务功能数字化重构的必要性及可行性

一、社会服务功能数字化重构的必要性研究

随着物联网、云计算、3D打印、移动互联、机器人、大数据、人工智能等新技术的发展与应用，数字化时代带来了多元的产业模式和服务形式，使人们的生产和生活更有效率、更加智能、更突显数字化。借助互联网打造数字化服务的文化生态圈，重新定义了文化产业的发展，形成了强大的核心竞争力，现已成为未来文化产业发展的新方向。在文化产业数字化转型的背景下，吴锦堂文化遗迹作为传承中的文化遗产，其社会服务功能的数字化重构，显得尤为重要。

（一）吴锦堂文化遗迹的独特价值

作为全国重点文物保护单位的锦堂学校旧址和省级文物保护单位的吴锦堂故居及墓，不仅是慈溪地区珍贵的文化遗产，也是重要的文化资源。吴锦堂文化遗迹的独特价值主要着重于历史人物方面的因素，其意义和作用已远远高于文物建筑本体的价值。

1. 吴锦堂文化遗迹具有独特的历史价值：影响了近代华侨史、中日外交史、近代商业史和近代教育史

吴锦堂（1855—1926）是近代史中一位卓有建树的爱国侨商，他"不欲以多金为子孙计"的伟大品质，独出巨资为家乡筑漾清，修二湖，浚四浦，造桥建闸，亲临工地，冒风雨蹈洪波，解乡民旱涝之忧，继而办锦堂学校，

培育英才，使三北学子广得造就。他是近代海外"宁波帮"商人的杰出代表，锦堂学校旧址是其教育救国、实业救国理念和实践相结合的体现，也是以其为代表的"宁波帮"商人爱国爱乡、开拓务实精神的重要载体。吴锦堂故居是他侨居日本神户时（约1897年前后）所建，占地面积360平方米，主体建筑五开间布局，两侧梢间与厢房相连，结构简朴，无奢华装饰。吴锦堂墓位于观海卫镇鸣鹤的白洋湖畔，由墓园和墓庄两部分组成，占地面积1354平方米。墓前湖堤横贯东西，东接金仙寺，西邻湖口村，东南近杜湖，西北是漾塘，该地恰在吴锦堂先生生前造福乡里的重点水利工程中心。吴锦堂文化遗迹不仅是爱国华侨吴锦堂先生推动近代教育发展做出重要贡献的历史依存，而且还是其为地方农业经济发展鞠躬尽瘁的历史见证，无一不彰显着独特的历史价值。

2. 吴锦堂文化遗迹具有独特的社会价值：推进了地方社会发展进程

19世纪末，鸦片战争的炮火使中国沦落为半殖民地半封建社会，在水深火热的社会背景下，中国掀起了教育救国的社会思潮。由于吴锦堂先生深谙日本近代发展与教育的密切关系，故此发出了"日本富强，悉基教育，虽贩夫牧竖，无不勤学读书"的感慨；也深切体会到"近世列强竞争，教养二事，实为至要。国民失养，则无以为生，国民失教，则难以争存"。1905年，吴锦堂先生"慨故里之学校不足"，为启迪民智、发展科学文化、推动社会进步，他毅然担当起办学重任，在家乡东山头创办七年制二等中学，并在1911年正式将锦堂学校更名为锦堂中等农业学堂；其学制为预科2年，本科3年，设农本科、蚕本科两个专业，培养了许多优秀的农业科技人才，为当地农业发展注入强大活力。学校创办将近百年，在漫长岁月中，虽数易其名，但始终以服务国家、振兴民族为目标，培养了如浙江早期农民运动领导人卓兰芳、著名书法家沙孟海、著名工笔花鸟画家陈之佛、江南笛王赵松庭等大批国之栋梁。

3. 吴锦堂文化遗迹具有独特的教育价值：开创职业教育的新风

吴锦堂先生处事严谨，办学规范，设施力求齐全，师资力求精良，课程设置符合部颁要求，开创了高质量的职业教育新风。设置修身、国文、外国语、算学、物理、化学、博物、图画、体操等课程；专业课有土壤、肥料、作物、园艺、农具、气候、病虫害、畜产、水产、林业、养蚕、农产品制造和农业理财等，并开辟有实验室、桑园等场地设施，培养学生的实践操作能力。此外，还开设了英语、日文等外国文．教授用书选用日文日语教程和英文勃耳温司，聘请日本关西英语专门学校毕业的优秀人才为教师。除要求学生学习外国语言外，吴锦堂先生每年还选派优秀学生出国留学，从而达到吸收外国科学文化知识的目的。锦堂学校办学规范，清宣统三年（1911年），浙江省府委派员对学校进行实地勘察后，称锦堂农业学校"委系工坚料固，名实相副，而规模之广大，设置之周妥，器具之精良，尤无一不臻完美，洵为"浙省各私立学堂之冠"。时至今日，仍对我国职业教育改革具有启示作用。

4. 吴锦堂文化遗迹具有独特的建筑价值：展现近代教育建筑的艺术特色

锦堂学校虽建于清朝末期，但校舍聘请了日本建筑专家设计，耗费巨资，辟地百余亩，凿渠数里，导引清流，历时3年建造了教学、生活、休憩、运动设施一应俱全的现代教育设施。学校主体建筑采用西洋建筑风格，青红砖错缝平砌墙体，白灰嵌缝均匀美观，做工讲究；拱形门窗、卷叶纹堆塑柱头、叠涩形角线、缠枝纹栏杆及走廊挂落等装饰元素，具有浓郁的异国风韵．体现了清末西学东渐潮流对我国建筑工艺的影响和革新。此外，该建筑的营造和选址还沿用有部分中国传统建筑的元素和中国传统堪舆学理念，南掘护堂河，北靠隐架山，形成背山面水的格局。锦堂学校体现了吴锦堂先生洋为中用、各取所长的具有开放、实用特点的办学理念，建筑艺术价值较高。

5. 吴锦堂文化遗迹具有独特的文化交流价值：增强中日多方面文化交流

吴锦堂青年时在上海经商，后到日本从事中日贸易。他把日本生产的火柴、阳伞、水泥出口到中国及东南亚，又从中国进口桐花、大米等供应日市场。此外，他还投资有火柴厂、水泥厂、针织厂等实体经济。经过十多年的奋力开拓，吴锦堂先生由一个不起眼的小商人，逐渐成为日本阪神地区赫赫有名的大富豪，日本神户的华侨领袖，在日本工商界中具有举足轻重的影响力。1912年以来，他曾任神户中华商业会议所会头、华侨商务总会协理、中华会馆经理人等职务，并在神户捐款创办同文学校、中华公学（1939年合并为中华同文学校）以及华侨病院，造福当地华侨。其中，中华、同文两所学校是日本著名的华侨学校，由梁启超、麦少彭、吴锦堂与其他华侨界有识之士共同创办，吴锦堂先生分别于1905年至1914年和1916年至1925年期间，先后担任同文学校协理近20年，培养出了廖承志、林丽蕴等知名人士。日本中华同文学校和宁波慈溪锦堂学校有着很深的渊源，两校长期保持着密切合作，定期开展交流互访、教学研讨等活动。因此，吴锦堂文化遗迹的保护与利用对于增强中日文化交流具有积极作用。

6. 吴锦堂文化遗迹具有独特的精神价值：传递着爱国情怀与民族精神

吴锦堂先生腰缠万贯，名震东瀛，完全有能力在自己家乡营造一座江南豪宅。但是，吴锦堂先生每次归国省亲均慷慨解囊为家乡创办公益事业，其故居仅营造为普通栖身之地，充分折射出先生之崇高人格和道德品质。1926年1月14日，吴锦堂在日本神户养和山庄与世长辞，享年72岁。在弥留之际，吴锦堂一再嘱咐子孙将遗体运回祖国，葬在家乡。1929年的农历四月初十，其子启藩等将灵柩经上海、宁波从水路辗转运至慈北，在金仙寺举行了隆重的追悼营葬仪式。慈北广大群众回顾他"不欲以多金为子孙计"的懿行硕德，扶老携幼，自发前往送行致哀。追悼仪式当天，十里湖塘人流不歇，禹王山上形成了层层人梯，从慈济祠至锦堂墓地万头攒动，水泄不通。灵堂内挂满了一幅幅挽联，辉煌业绩，昭然瞩世。

素有"浙东民主堡垒"之称的锦堂学校，其进步师生均积极投入到社会变革和民族抗争的洪流。抗战之际，国难当头，学校转辗迁移，师生患难与共，同仇敌忾，修筑道路，开辟沙滩作运动场，增设体育童子军师范专科，社会教育师范专科，国音教师培训班等，积极投身抗日救亡活动。经费困乏之时，开展劳动创造生活之资，形成自治自律、勤奋好学的良好风气。1946年锦师迁回原址后，广大学生在中共地下党影响下，关心国事向往革命，在校内相继成立金风文艺社、力行学社、石磊学社、读书促进会等进步组织，并出版了《新文艺》《苍茫周报》等进步杂志，为反对内战，迎接解放，保护学校做出了卓著成绩。郭沫若先生曾为锦师《新文艺》题词，叶圣陶、许广平、赵景深等也曾来函指导锦师学生的进步活动。

（二）传统服务方式的现状和问题

纪念馆、博物馆、文化馆、展览馆和文物保护单位管理机构等，作为文化遗产的服务窗口，具有鲜明的优势和服务特色，可以为公众提供观赏的真实文物。但是，与数字化展示相比，传统服务方式明显存在诸多不足和问题。

1. 展陈形式静态

大部分文化遗产，尤其是物质文化遗产，基本是以静态的展览展示呈现在公众面前，以运用图片、文字、印刷品、展板、展柜、展架、雕塑、沙盘等为主要形式表达展览内容。现以吴锦堂文化遗迹为例，公众所能观赏到的锦堂先生生平事迹、锦堂学校历史文化、锦堂故居及墓的相关内容，绝大多数是用二维平面展板的形式展陈，其背后的历史文化场景及内涵全凭观众阅读文字内容后经脑海里想象才能复原。

吴锦堂文化遗迹展示现状在数字化时代背景下显得尤为缺乏活力和感染力，如运用环幕（弧幕）纪录片或虚拟动画形式的数字化技术还原吴锦堂文化遗迹的相关历史文化内容，进行展览展示的数字化重构，就可实现多维度的展示传播效果。通常情况下，来访观众对参观对象的文化遗迹时代背景、背后故事及相关历史文化缺乏前期了解，一遍参观下来，收获仍然是寥寥无几。因此，运用数字化动态的展示方式对其进行历史文化概述，生动直观、简明扼要地还原时代情境，则可有效弥补传统展览方式和展示内容方面的不足，提升展览展示服务的质量。

吴锦堂墓庄里摆放的吴锦堂先生遗像

吴锦堂墓庄内的吴锦堂生平陈列室现状

第三章 吴锦堂文化遗迹社会服务功能数字化重构的必要性及可行性

观众驻足巨型弧幕前观看纪录片

纪录片动态的展示内容

虚拟动画再现时代场景

2. 传播维度单一

在传统的展览展示中，为更好地保护文化遗产，展品通常陈列在展柜内或护栏后面的墙上，使公众"可远观而不可亵玩焉"，不会同文物产生互动。此外，"请勿触摸"等警示性标志、隔离线以及防护栏等防护措施，更是扩大

被护栏围起来的展示品

了文化遗产与社会公众之间的距离,使观众无法真切、全面、细腻地感受文物魅力,妨碍了观众与文物的交流,减弱了文化遗产的感染力,降低了观众观赏文物的乐趣。

如果运用触觉技术,使观众既能够观赏,又可以全方位、多角度地"触

触觉技术为观众提供更丰富的体验

观众与文物全方位、多角度地互动

摸",近距离感受文物的风采和魅力,就大大提升了展览的真切感和趣味性,提升了观众的参观体验。

3. 观赏时空局限

随着人们生活水平和生活质量的提升,参观文化遗产已经成为越来越多人的选择。但是,客流量的与日俱增使许多文化遗产管理单位遇到许多保护与利用方面的难题。比如:世界瞩目的故宫博物院,长期处于客流量饱和的状态,为保护文物安全,提升参观质量,2015年制定了限流方案,每日限流8万人次;素有"千佛洞"之称的敦煌莫高窟,因每天游客众多,石窟内空间狭小,长时间停留会产生大量二氧化碳以及湿度、温度的变化,加剧石窟内文物"衰退",致使颜料颗粒溶解壁画脱落,管理方不得已关闭了其中部分石窟,并严禁游客拍照。针对这些问题,数字化技术无疑提供了较好的解决方法,通过数字化展示、虚拟现实技术、手机App等多种方式,如故宫展览手机App等应用,既满足了观众的观赏拍照要求,又有利于疏导客流,加强对珍贵文物的保护。

故宫展览手机App界面(一)　　故宫展览手机App界面(二)

第三章 吴锦堂文化遗迹社会服务功能数字化重构的必要性及可行性

故宫展览手机 App 展览现场（一）

故宫展览手机 App 展览现场（二）

故宫展览手机 App 展览现场（三）

故宫展览手机 App 展览现场（四）

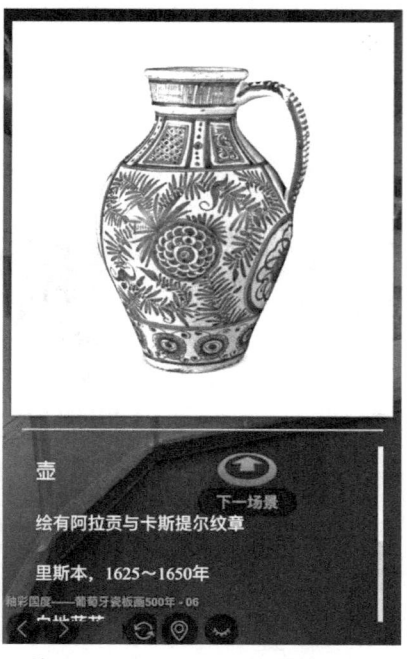

故宫展览手机 App 展陈布局　　故宫展览手机 App 文物摄影照片

4. 活化利用不足

文化遗产是历史文化瑰宝，与人们的生活息息相关，不仅具有独特的文化价值，也有很强的商业化变现潜力。通过有效的挖掘、保护和开发利用，就有可能带来可观的社会效益和经济效益，释放出更强大的生命力。为了提升社会服务功能，文化遗产不仅要融入丰富的数字化展示手段，还要开发一些结合商业的产品，增加了展馆的亲和力，满足群众对非遗产品的需要，从而切实落实了"从群众中来到群众中去"的工作路线。同时，非遗传承人也可获得一定收益，真正把非物质文化遗产的生产性保护理念落到实处。目前，国内的一些非遗展馆为了适应展示需要，单独开设餐厅，把适合餐饮的传统手工技艺类非遗项目引入展馆，将中国悠久的饮食文化与展示功能结合起来，增强吸引力，在大文化的层面上诠释中国餐饮。当然，这种商业性展示只是小范围的传播，受众群体有限。但是，技艺互联网平台时空的延展性，可以发散思维，进行线上商业活动，在各个互联网、手机 App 中进行展示和售卖，让更多的消费群体加入非遗的商品活动中，使人们可以在不同时段和不同空间区域内进行社会互动，实现文化传承和获益的双赢局面。

（三）数字化时代的特点

1. 互联网普及率及全国网民规模增加

随着我国信息技术发展和互联网应用，网民数量逐年上涨，互联网行业持续稳健发展，现已成为推动我国经济社会发展的重要力量。截止2018年6月，中国网民规模达到8.02亿人，2018上半年新增网民数量2968万人，与2017年相比增长3.8%，互联网普及率为57.7%。其中，手机网民规模达到7.88亿人，占网民总量的98.3%。同时，可以预见，随着智能手机的不断推广

全国网民规模及互联网普及率

随着互联网的快速发展，我国网民数量逐年上涨，互联网行业持续稳健发展，互联网已成为推动我国经济社会发展的重要力量。

截止2018年6月，中国网民规模达到8.02亿人，2018上半年新增网民数量为2968万人，与2017年相比增长3.8%，互联网普及率为57.7%。

手机网民规模统计

在手机网民方面，数据显示，截止2018年6月，中国手机网民规模达到7.88亿人，2018上半年新增手机网民数量为3509万人，与2017年相比增长4.7%，值得一提的是，在手机网民占网民数量的比重持续攀升，2018年占比已高达98.3%。

随着智能手机的推广和普及，未来手机网民的比例将继续攀升。

和普及，未来手机网民的比例将会继续攀升。

2. 大数据时代来临

近些年来，随着信息通信等技术，特别是互联网和物联网的快速发展，各领域数据呈现爆发式增长，并已成为社会基础性战略资源，为国家经济发展带来了巨大的新动能。全球知名咨询公司麦肯锡称："数据，已经渗透到当今每一个行业和业务职能领域，成为重要的生产因素。人们对于海量数据的挖掘和运用，预示着新一波生产率增长和消费者盈余浪潮的到来。"大数据"在物理学、生物学、环境生态学等领域以及军事、金融、通信等行业存在已有时日，引来人们关注则是因为近年来互联网和信息行业的发展以及云储存时代的来临。大数据的本质是基于互联网的信息化应用，通过技术的创新与发展，以及对数据的全面感知、收集、分析、共享，为人们提供了一种全新看待世界的方法。① 根据监测统计，2017年全球的数据总量为21.6ZB（1个ZB等于十万亿亿字节），目前全球数据以每年40%左右的速度增长，预计至2020年全球的数据总量将达到40ZB。国内外权威机构最新统计数据，至2022年全球大数据市场规模将达到800亿美元，实现年均15.37%的增长。②

3. 人们生活方式改变

据相关统计表明，我国网民以中青年群体为主，并持续向中高龄人群渗透。截至2018年12月，10-39岁群体占67.8%。其中，20-29岁年龄段网民占比最高，达26.8%；40-49岁网民群体占比由2017年底的13.2%扩大至15.6%，50岁及以上的网民比例由2017年底的10.5%提升至12.5%。③

---

① 大数据时代, http://baike.baidu.com/item/大数据时代/4644597?fr=aladdin
② http://www.elecfans.com/iot/630774.html
③ 工业和信息化部，华经产业研究院整理，2018年中国网民规模、网民属性结构及互联网普及率统计，https://baijiahao.baidu.com/s?id=1634026710442092318&wfr=spider&for=pc

第三章 吴锦堂文化遗迹社会服务功能数字化重构的必要性及可行性

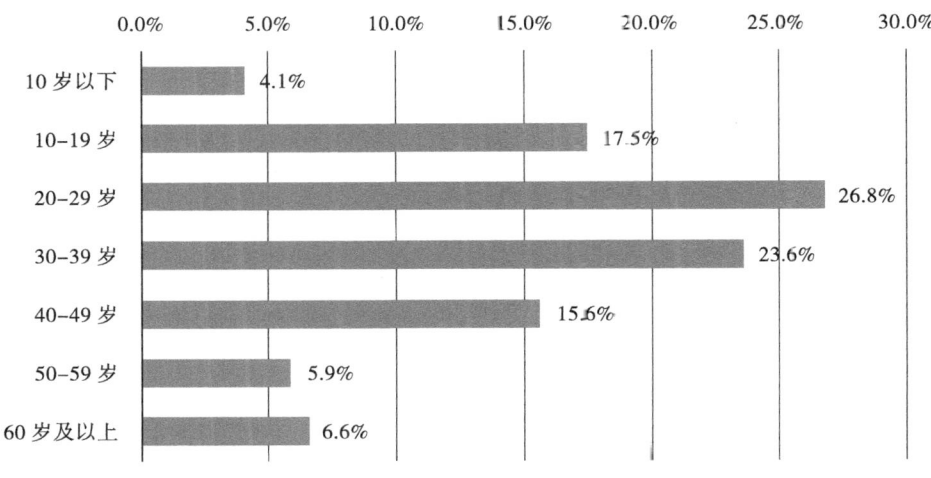

2018年网民年龄结构占比图

4. 数字化成为常态

数字经济是以数字化的知识和信息为关键生产要素，以数字技术创新为核心驱动力，以现代信息网络为重要载体，通过数字技术与实体经济深度融合，不断提高传统产业数字化、智能化水平，加速重构经济发展与政府治理模式的新型经济形态，也是继农业经济、工业经济之后的更高级经济阶段。《2017中国数字经济发展报告》认为，在全球信息化进入全面渗透、跨界融合、加速创新、引领发展新阶段的大背景下，数字经济长足发展，正成为创新经济增长方式的强大动能。以2016年全球发达国家（美、日、德、英）为例，数字经济所占GDP比重在50%左右，美国数字经济规模排在全球首位，超10万亿美元，占GDP比重58%以上。联合国贸发会议秘书长基图伊指出："数字经济以超出我们预测的速度呈指数比例地在扩张，仅在2012到2015年之间，数字经济的规模从1.6万亿美元增长到2.5万亿美元。"2016年9月，杭州G20峰会通过《二十国集团数字经济发展与合作倡议》，将"数字经济"列为创新增长蓝图的一项重要议题。如今，各国普遍认为数字经济是世界经济的未来，大力发展数字经济已经成为全球共识。

十八大以来，我国高度重视数字经济发展，数字经济已经逐渐上升为国

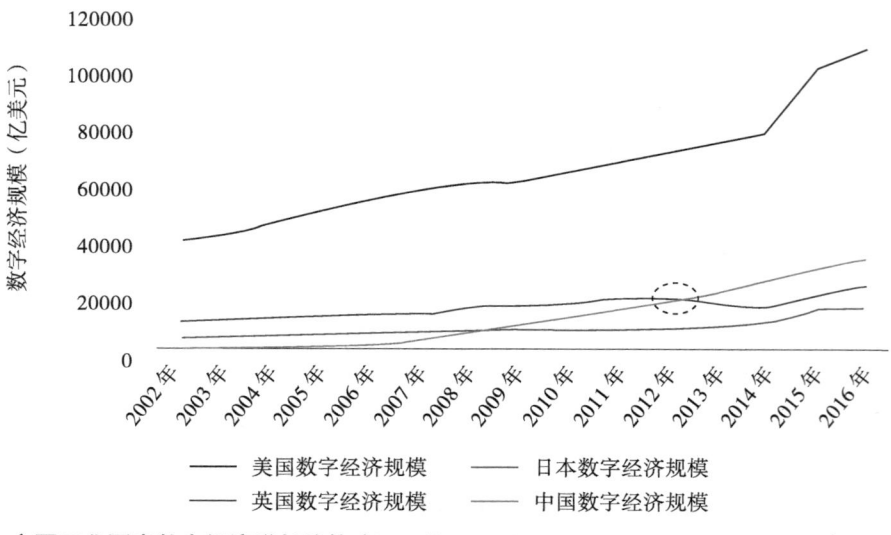

主要工业国家数字经济增长趋势（http://m.elecfans.com/article/796599.html）

家战略。2016年10月，在中央政治局第三十六次集体学习上，习近平总书记指出，要做大做强数字经济，拓展经济发展新空间。2018年4月，习近平总书记在"全国网络安全和信息化工作会议"上再次强调："要发展数字经济，加快推动数字产业化，依靠信息技术创新驱动，不断催生新产业新业态新模式，用新动能推动新发展。"

在国家大力推动与企业积极努力下，中国数字经济也得到了快速发展。2017年中国的数字经济同比增长超过20.3%，占GDP的32.9%，总额达到27.2万亿人民币，已成为我国经济发展的重要引擎，有力地提升了国民生产与服务的效率及质量，优化了产业结构，对我国经济健康发展起到了积极的推动作用。虽然，中国在数字经济方面进步很大，但相比一些发达国家，我国数字经济在GDP中的占比和绝对总量，仍然存在较大的差距。20世纪80年代末，敦煌研究院率先在国内提出了数字敦煌的构想。此后，数字故宫、数字圆明园相继建成。2016年国家文物局、国家发展和改革委员会等五门联合印发了《"互联网+中华文明"三年行动计划》，公布了两批示范项目，并与国际文化遗产记录科学委员会合作开展了两期文化遗产保护与数字化培训班，自此标志着中国"数字技术+文化遗产"迈入了2.0时代。

第三章　吴锦堂文化遗迹社会服务功能数字化重构的必要性及可行性

在数字化时代背景下，将数字化技术应用于吴锦堂先生相关文化遗迹，不仅是对历史文化遗产的保护，更重要的是运用新理念、新技术和新形式，使其形成新的价值，以全新模式迎接未来的机遇与发展。如研发数字展示平台、手机 App、手机游戏、创意产品线、数字展演、智慧导览等，实现从挖掘研究文化价值，到打造 IP，再到产品化运营的全产业链。

二、社会服务功能数字化重构的可行性研究

经过二十多年的探索和实践，文化遗产数字化的主要概念、理论体系、核心技术、管理模式等已日渐清晰，国内外关于文化遗产数字化的案例也越来越多，并取得了一定的社会效益和经济效益。数字化技术的发展既可应用于文化遗产的有效保护和利用中，又可为公众提供良好的社会服务，满足人们对文化遗产不断增长的需求。因此，对吴锦堂文化遗迹开展数字化重构势在必行。

（一）吴锦堂文化遗迹社会服务功能数字化重构的概念基础

概念是理论的基础，任何成熟的理论概念都是由一系列具有明确内涵的定义形成的。在文化遗产数字化领域，一些关键概念已成为学术界共识，并被广泛运用。现已成为文化遗产数字化重构的坚实的理论基石。

1. 文化遗产数字化

文化遗产包括物质文化遗产和非物质文化遗产。文化遗产数字化是"指利用当代测绘遥感和计算机虚拟现实技术，以数字化方式将文化遗产的全部动产和不动产真实、完整地存储到计算机网络，实现真三维数字存档，供保护、修复、复原以及考古研究和文化交流使用。"[1]该技术既可保护文物建筑、古文化遗址、古墓葬等物质文化遗产，也可保护各类非物质文化遗产。

---

[1] 周明全，等.文化遗产数字化保护技术及其应用[M].北京：高等教育出版社，2011：2-4.

2. 数字博物馆

数字博物馆是"计算机科学、传播学与博物馆学相结合，以数字形式对所有文物（包括可移动和不可移动文物）信息进行收藏、管理、展示和处理，并通过互联网为用户提供数字化展示、教育和研究的信息服务系统。"[①] "它彻底摆脱了传统博物馆在空间上的束缚，任何人在任何时间、任何地点均能通过数字博物馆获取所需文化信息。除了具备传统博物馆的一维文字和二维图像这些内容外，数字博物馆增加了三维模型、虚拟动画等多媒体新技术，并予以视觉上的冲击，增加展示效果；提供基于内容、图像和动画的检索技术；提供多种数字化保护手段，如水印技术等以保护数字文物资料的版权归属。"[②] 如今，数字博物馆可用最新的科技理念为观众提供更优质的服务。

3. 网上展馆

"展馆是主办方根据某种理念或构想，来展示产品、技术、成果等的地方，是一种载体，也是展示商品、会议交流、信息传播、经济贸易等的场所，客观上还是某种特殊的经济组织、社会组织，其特点是应用知识与技术进行管理、生产、经营，提供产品和服务，创造经济效益、社会效益。""网上展馆是在网络等信息化技术快速发展的背景下，以互联网为基础对实体展馆馆藏概念的外延，网上展馆是以电子图片的形式，通过网络展示（个人）陈列品的网络公共空间。"[③] 网上展馆不只是把现实展馆中的展品复制到网络上的简单形式，而是运用数字化技术，在网络上规划出一个虚拟展览空间，用来展示相关展品，虚拟展览空间的面积可能远远超过实际展馆的展示面积。借助网上展馆不仅能大大降低现实展馆耗费的成本，而且还能展示因实体展馆空间受限等而未能展示的藏品。同时，借助数字化技术可以营造出更具有互动性、真实性、观赏性的网上展馆，为观众提供一处符合满足需求的沉浸式空间氛围。

---

① 杨向明. 数字博物馆及其相关问题 [J]. 中原文物，2006（1）：95-98.

② 严胜学，胡宗山. 略论文化产业领域的数字化展示策略 [J]. 北京联合大学学报（人文社会科学版），2018（3）：47-54.

③ 刘岑. Untiy3D 技术在网上展馆的设计与应用 [D]. 北京工业大学，2013.

4. 信息可视化

从视觉的角度讲，信息可以分为视觉与非视觉两个种类。其中，视觉信息包含动画、影像、图片等；非视觉信息包括语音、数据等。可视化是指用计算机来增强认知数据的交互式视觉展示。信息可视化，即通过计算机和相关软件，实现可视化数据，表达交互式视觉信息。[①]其关键步骤是用原始材料创造图像。因此，信息可视化有时也被称为数据可视化。尤其是在视觉文化时代，碎片化、浅表化的视觉倾向已经渗透到人们获取外界信息的行为习惯中，通过视觉感官能更好地传递或接收信息，这便是信息可视化的现实需要和应用意义。信息可视化既可以以图像形式实现多维显示，降低人们对数据内涵的难度理解，还可以用图像指引信息搜索过程，提升信息获取效率。

（二）吴锦堂文化遗迹社会服务功能数字化重构的技术基础

文化遗产的数字化展示与保护是通过现代化信息技术手段，对文化遗产采取的有效保护措施，涉及计算机图形学各个方面的技术。

1. 图像处理

计算机图像技术是文化遗产数字化的重要手段，其核心工作是图像处理。"图像处理（image processing），又称影像处理，是指通过计算机软件对图像进行分析和处理，以达到预期效果的数字化技术。图像处理通常是指数字图像处理。""数字图像的元素是像素，其值称为灰度值，是通过工业相机、摄像机和扫描仪等设备得到的一组二维数组。"[②]图像处理技术主要包括三个部分：压缩；增强与复原；匹配、描述和识别。目前，市场上正在逐渐兴起的图像处理技术系统主要有康耐视系统、图智能系统等。

2. 动画制作

根据软件应用种类不同，电脑动画分为两种：电脑创作动画和电脑制作动画。前者是指利用 3ds max、maya、Xara3D 等 3D 动画软件，创作和制作同

---

① 覃京燕.文化遗产保护中的信息可视化设计方法研究 [D]. 北京：清华大学，2006：34.
② 转引自张琳.高光谱图像技术诊断黄瓜病害方法的研究 [D]. 沈阳：沈阳工业大学，2011.

时完成；后者是指用PS平面软件制作动画页面。前者创作过程复杂，完成周期长，成本高，而后者制作过程较简单，周期较短，成本较低。电脑动画主要包括二维动画、三维动画、建筑动画、影视动画和游戏动画等，是实现虚拟现实的关键环节，而虚拟现实则是实现文化遗产数字化展示工作的关键技术之一，因此电脑动画技术也是文化遗产数字化展示的关键技术。在电脑动画中，基于动力学粒子模型和流体等三维动画技术可以逼真地模拟所有自然现象和社会场景，能够模拟刚体运动和塑性物体变形运动等。近年来，在市场竞争不断加剧的大环境下，电脑动画三维设计软件开发迅速，理论上讲，3D动画已能精确展示所有自然现象、人类活动和再现各类历史事件。即使是现实世界中根本不存在的现象、景观和场景，都能通过电脑动画技术生动再现。

3. 多媒体数据库

数据库技术与多媒体技术的结合产生了新生事物——多媒体数据库。多媒体数据库并非是对现有数据库进行界面包装，而是基于多媒体数据以及各类不同属性信息特性，将它们引至数据库。把多媒体数据引进传统数据库难度非常大，因为传统字符数值型数据应用范围极其有限。只有解决从体系结构到用户接口等程序和技术难题，才有可能建立多媒体数据库。交互性是多媒体的基础和灵魂，没有它就没有多媒体，只有从根本上改变传统数据库查询的被动性，才可能通过交互性主动表现多媒体。目前，多媒体数据库主要解决了三个方面难题：一是信息媒体的多样化；二是多媒体数据的集成表现；三是多媒体数据的交互性。

4. 虚拟现实

虚拟是指人类自己想象出事情和想法的行为表现，而这些事情和想法并不是存在于真实的客观世界中；现实是客观存在的事物或事实解释，真实的即时物。虚拟现实是一种高端人机接口，使用者通过人机接口实现人机之间在视觉、听觉、触觉、嗅觉和味觉等方面的多种感觉模拟和实时交互，运用一系列高科技，置身于感受上、事实上并不存在的虚拟环境中。其核心是通过计算机、网络、全息投影等技术创造出一个虚拟环境。

虚拟现实具有三个主要特征：沉浸性、交互性和实时性。沉浸性主要是指体验者、使用者在虚拟环境中实现精神沉浸和身体沉浸，也可称为完全沉浸和部分沉浸；完全沉浸是指体验者彻底投入其中，有种身临其境的感觉和状态，而部分沉浸则是指在感官上的体验，没有完全"穿越"到虚拟现实中。交互性和实时性则是虚拟现实区别于展览、电视和电影的主要特征。交互性是指体验者在虚拟的三维空间，可与其中的人与物等场景进行互动，并且会做出一定的响应；实时性是指体验者在虚拟环境中得到的感觉反馈是即时的，不具有任何时间差。这两个特征的作用是使虚拟环境在感觉上接近现实，甚至以假乱真。

5. 增强现实

增强现实近年来已成为数字化领域的研究热点之一。"增强现实就是将计算机生成的增强信息有机、实时、动态地叠加到观察者所看到的真实环境当中，并且当观察者在现实环境中移动时，增强信息也随之发生相应的变化，增强信息如同存在于现实环境中一样。""虚实结合、实时交互、3D 注册是它的三个主要特点。"

（三）国内文化遗产数字化重构的经验基础

随着数字技术的不断进步和应用需求的加速升级，我国许多重要的文化遗产已经走上了数字化保护、展示与利用之路，以"数字敦煌项目""数字故宫项目""数字三峡项目""数字圆明园项目"等为代表，已取得了显著的成就，较好地带动了我国文化遗产数字化重构的建设和发展。文化遗产虽不能永存，但通过数字化的方式，却可以使他们得以再生和永续。

1. "数字敦煌项目"

"数字敦煌项目"是将敦煌壁画进行精准的数字化扫描与拍摄，把珍贵的文化遗产资料得以数字化存储与记录。早在 20 世纪 90 年代，时任敦煌研究院院长的樊锦诗就提出"数字敦煌"构想，即利用计算机数字化技术永久且高保真地保存敦煌壁画和彩塑的珍贵资料。三十多年来，这一项目不断向前推进，屏幕画面精度已从最初的 75dpi 提升到最高 600dpi，采集后的图像四倍于原作，远比洞窟内看得清晰。2014 年 8 月，莫高窟数字展示中心投入使用，实行单日人次承载量控制、网络预约、分时段观、数字化虚拟展示与实地体验相结合的新模式，使旅游旺季的游客量瞬间峰值大大降低，有效地保护了莫高窟的文物本体。

敦煌莫高窟全景

莫高窟第 55 窟内景

第三章 吴锦堂文化遗迹社会服务功能数字化重构的必要性及可行性

莫高窟第 96 窟九层楼

工作人员对莫高窟第 152 窟进行数字化采集

2014年8月,莫高窟数字展示中心竣工并投入使用,实行单日6000人次承载量控制、网络预约、分时段参观、数字化虚拟洞窟实景展示与莫高窟实地参观体验相结合的参观新模式,使旅游旺季进入窟区的游客量瞬间峰值由过去的2000至3000人次,降至1200人次,有效地保护了莫高窟的文物本体。

莫高窟数字展示中心全景图

莫高窟数字展示中心球幕电影《梦幻佛宫》

第三章 吴锦堂文化遗迹社会服务功能数字化重构的必要性及可行性

直径18米的球幕影院中,通过数字化取得的壁画素材纤毫毕现,游客如沉浸苍穹之中,饱览梦幻佛宫的壮美。自此,"前端观影、后端看窟"的旅游开放新模式在莫高窟实现,这在一定程度上缓解了游客蜂拥至洞窟的压力,实现以保护为出发点,将石窟数字化落脚在游客端。

2016年4月29日,"数字敦煌"资源库平台第一期正式上线,首次向全球发布敦煌石窟30个经典洞窟的高清数字化内容及全景漫游节目。截至目前,敦煌研究院已完成采集精度为300DPI的洞窟近200个,以及110个洞窟的图像处理、140个洞窟的全景漫游节目制作工作。2017年"数字敦煌"英文版上线。

以互联网技术为支撑,依托敦煌研究院的学术研究成果和壁画素材,他们在微信公众号、微博上对敦煌文化进行多维度的价值挖掘,古老的敦煌石窟在大众视野中鲜活了起来。谷雨耕种、立夏品酒、小暑摇扇,透过"敦煌岁时节令"系列趣味动图,古典雅致之美从壁画中脱颖而出。

在文化创意方面,推出了菩萨"同色号"口红,词汇量颇大的"敦煌小冰"、

"岁时节令"趣味动图之春分和小暑

51

动画片《舍身饲虎》《降魔成道》等多元化文创产品和趣味化服务,让大众有了越来越多接近古老文化的机会,将文化遗产进行了创造性转化和创新性发展。

敦煌文创课程学员拍摄菩萨"同色系"口红线描图

敦煌文创课程学员给线描画涂菩萨"同色系"口红

2."数字故宫项目"

早在2003年,故宫博物院就与日本凸版印刷公司合作,共同成立了故宫文化遗产数字化应用研究所。该所以虚拟现实作品为载体,全面、直观地记录古建筑及文物的三维数据,相继完成了五部大型虚拟现实作品,从建筑场景的展示到非物质文化遗产的再现,再到文化氛围的表达,不断深入探索故宫的文化内涵。①

在数字故宫发布会的"让传统建筑焕发新机"环节中,"全景故宫"在故宫博物院官网全新改版上线。这款产品已涵盖故宫所有开放区域,打开网页或手机,壮美紫禁城便可尽收眼底。调整到"V故宫"模式,还可以获得沉浸式体验。未来"全景故宫"还将通过记录不同季节、天气、时间里的故宫,为古建筑打上"时间的烙印"。

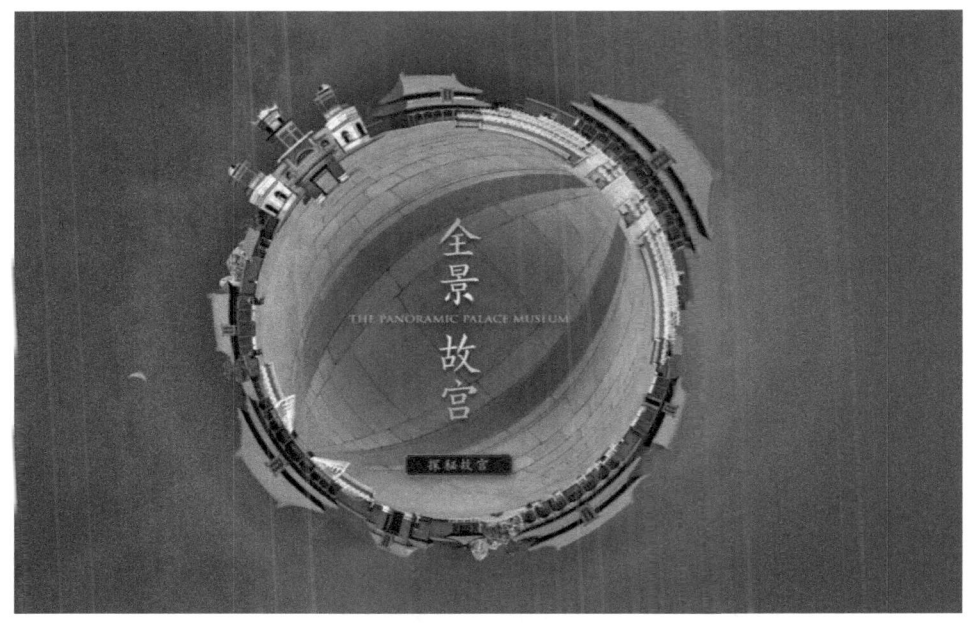

全景故宫网页界面

---

① 贾秀,清王珏.数字化手段在我国文化遗产传承与创新领域中的应用[J].现代传播,2012,(02):112-115.

宁波吴锦堂文化遗迹数字化保护与利用研究

全景故宫（一）

全景故宫：乾清宫

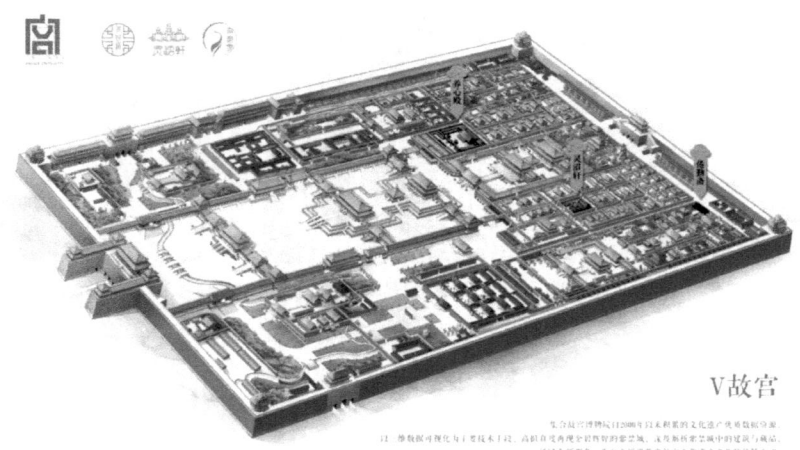

VR 故宫（一）

第三章　吴锦堂文化遗迹社会服务功能数字化重构的必要性及可行性

VR故宫（二）

VR故宫：养心殿

利用虚拟现实技术创作的《紫禁城——天子的宫殿》等作品，让游客们无须亲自前往故宫太和殿，便可在演示厅通过自主操控进行参观。太和殿的三维高清全景式的数字化影像精确地投射到巨型环幕上，不仅充分满足了游客精细化参观了解故宫文化、体验故宫精品的目的，还满足了许多学者研究的需求。观众可避开拥挤的人群，仔细观察太和殿的龙座和匾额，真正实现精细化体验。这对于2018年有1700万游客涌入72公顷，且位于首都中心位置的故宫而言，在缓解游客压力、周边接待、交通压力，改善游客体验等方面，无疑有着重要作用。2015年，故宫博物院还出品了基于平板电脑的

App——《韩熙载夜宴图》，将静态的历史画作再现成一场声像并茂，且极富立体感的艺术盛宴。

3."数字三峡项目"

"数字三峡项目"是利用信息技术、三维扫描技术和高精度摄像系统，大量地获取三峡历史文化遗址、景观的三维图像与数据，并生成物体与场景的三维全景模型，完整、真实、生动地再现长江三峡两岸丰富的历史文化遗址原貌。重庆中国三峡博物馆是一座集巴渝文化、三峡文化、抗战文化、移民文化和城市文化等为特色的历史艺术类综合性博物馆。2017年，"三峡数字博物馆"项目暨重庆中国三峡博物馆智慧管理平台开始建设，至2018年10月竣工验收。其中，白鹤梁水下博物馆VR项目，即是利用三维扫描数据，通过计算机技术进行加工，以虚拟方式呈现出历史文物和文化遗址原貌，并结合VIVE虚拟现实设备进行VR互动展示，构建出高品质、沉浸式的轻松文化体验，让观众在VR系统中跟随向导参观，享受一场独特的文化漫游。白鹤梁水下博物馆VR展示由三个部分组成，第一部分"白鹤梁的由来"：观众穿越回古代，乘船行驶在如诗如画的长江江面，欣赏"尔朱真人成仙""诗人提笔白鹤梁"等场景；第二部分"伟大工程"：再现白鹤梁水下博物馆的建造过程，

三峡大坝数字沙盘

第三章 吴锦堂文化遗迹社会服务功能数字化重构的必要性及可行性

场面宏大，令人震撼；第三部分"水下畅游"：观众化身"潜水员"，与水下题刻零距离接触，与长江珍稀鱼类嬉戏。除此之外，还有博物馆文化传播新平台、AR智能导览系统、多媒体互动展示魔墙、三峡大坝数字沙盘、智能客流数据采集分析系统等，将静态的博物馆资源动态化，对隐形的历史地理文化资源进行还原，突破时间、空间和传播形式的限制，增强社会大众对历史文化的识读能力，大幅度提升展览展示效果。

多媒体互动展示魔墙

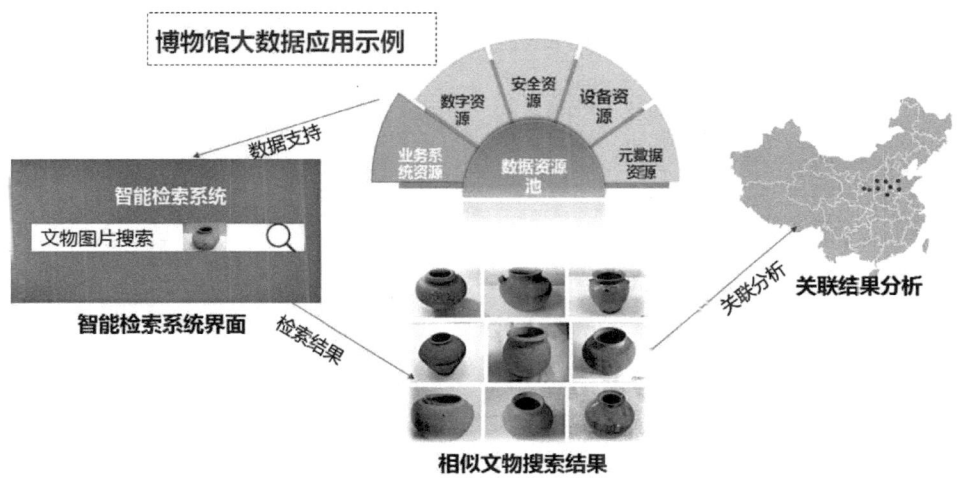

打造基于云计算的智慧博物馆平台

4."数字圆明园项目"

"数字圆明园项目"是由北京数字圆明科技文化有限公司推进,由数十位专家学者共同参与,历时十余年,结合当代考古发掘的现场测量数据,对大量档案进行精细、准确的解读。同时,在此基础上,应用三维建模等数字化技术,虚拟再现了"圆明园"这座万园之园的胜景。

正大光明

方壶胜境

第三章 吴锦堂文化遗迹社会服务功能数字化重构的必要性及可行性

研究团队通过查阅万余件历史档案，绘制了 4000 幅复原设计图纸，建造了 2000 座数字建筑模型，分 6 段历史分期中的 120 组时空单元，将圆明园史料记载和传说中的景观部分重新展现在公众面前，包括"正大光明"、同乐园大戏楼、方壶胜境、汇芳书院、谐奇趣等等。

上下天光

同乐园

在复原工作的准确度方面，工程始终坚持研究和展现并重，力求准确的原则，不仅追求外观的"像样"，更追求内在的"精准"。例如：圆明园中的"卍"字形的"万方安和"、"田"字形建筑田子房、月形建筑眉月轩等异形建筑，都能够达到"每一根柱、梁、檩、椽，每一块砖、石、瓦，都站得住、放得下"的标准，完全符合力学和建筑学的科学性。再现圆明园的过程也是重新发现的过程。以西洋楼景区为例，研究团队通过对文献、老照片和考古发现的全面分析，对该景区建筑的色彩有了新的发现，创造性地开展了为西洋楼"上色"的工作，使"五彩西洋楼"重现在公众面前。

在公众普及方面，"数字圆明园"工程努力担负起弘扬中国优秀文化遗产的重任，将数字复原成果应用于游园移动导览系统，研发了高清虚拟现实沉浸式体验产品，开启了智慧游园的新篇章。通过该系统，公众能够在圆明园穿越古今，体味胜景。

同时，"数字圆明园"积极投身于青少年教育，研究团队与清华附中合作开展"走近圆明园"特色课程，为海淀区中小学编制了《走近圆明园》校本教材。每年举办文化遗产主题夏令营，让青少年学生在轻松的氛围中获得深度的文化遗产教育体验。团队还运营"数字圆明园"微信公众号，免费让人们体验360度园景重现。此外，"在线圆明园"手机App也可以下载。

5. 新街口西四社区博物馆项目

新街口西四社区博物馆是依靠数字化手段对西四地区历史建筑进行虚拟复原与展示的项目。西四北头条至八条地区是北京旧城区现存元代以来历史格局街区中面积最大的区域，相对完整地保留了元代街巷布局和清至民国时期的历史风貌，尤其是保存了大量四合式院落，构成了西四地区的主要历史文化特色和社区肌理风貌。作为明清时期北京城内重要的居住区、交通枢纽和商业区，西四地区拥有以传统四合院民居为代表，包含名人故（旧）居、宗教建筑、商业设施、教育场所等不同种类在内的一大批历史建筑，既有传统建筑，又有近现代建筑，是北京旧城区历史建筑最为集中的地区之一。该地区凭借"旧城历史精华地段的核心保护区"的美誉，成为北京市第一批确

第三章　吴锦堂文化遗迹社会服务功能数字化重构的必要性及可行性

立的 25 处历史文化保护区之一，具有极为丰富的历史文化底蕴和学术研究价值，对于展示北京传统文化和北京精神，具有无可取代的价值。

此次项目借助数字手段进行虚拟复原，以虚拟现实（VR）、720 云等新科技技术，结合通俗性和喜闻乐见性，对西四地区的传统风貌和历史建筑，

西四虚拟现实效果图（一）

西四虚拟现实效果图（二）

建立具有科学性、交互性、开放性、低成本性、广适性的在线和线下虚拟展示平台，构建各历史时期城市功能区的具体图景，在北京历史文化梳理与挖掘、古都风貌展示、古建筑研究、文化知识科普宣传、优秀传统文化的传承和弘扬等方面，起到了积极的推动作用。

尤其是在让北京历史文化遗产讲好"北京故事"以及"互联网+中华文明"的背景下，作为国内第一家数字社区博物馆，新街口街道办事处和北京市古代建筑研究对大型不可移动文物保护与活化利用进行了尝试和创新，其数字化成果既满足了历史街区不可移动文物的修缮保护工作，又可以深入到社会文化层面，以全新的社会服务方式向民众普及历史文化知识、增强群众文物保护意识等。同时，根据实际需求将数字化成果以线上或线下 VR、720 云、微信公众号和 App 等多种形式，综合使用多种展示平台和展示手段呈现出来，使得复原场景与现状实景相互穿插，动态场景与静态展示相互交融，专业知识与科普趣味两者兼备，临场感和时空穿越感大大提升，不同层次的观众各取所需。既能够满足普通游览者的需要，也可让专业人员获取专业信息，引领了北京乃至全国历史文化街区数字化展示和利用的新潮流。

该项目基于次世代计算机技术的虚拟现实呈现方式，结合 VR、AR、MR 等多种呈现手段，打破空间约束和时间限制，对西四地区主要街巷景观进行基于数字化网络平台的虚拟重现。数字化成果通过云端、桌面端、移动端等平台，多渠道、多手段地实现辖区内元代至民国时期历史风貌及其演变的实景重现，并且增加多种交互式体验、沉浸式人文体验，将西四地区的历史风貌和人文景观生动、直观地展现在观众面前。

其主要思路是：首先，利用全景照片、全景模型、历史建筑的三维数字复原模型对西四地区主要街巷景观进行数字化复原，结合场景动画作为整体，展示西四地区的整体格局与胡同肌理在元明清至民国时期的历史风貌及其演变过程。而后，在此基础上，选择 11 处代表性院落或单体建筑进行精细建模，制作沉浸式互动场景，使用者可在场景内高自由度游览，并且在植入相关历史文化信息场景内，实现全信息交互式展览，增强现实体验感和互动性。最

第三章 吴锦堂文化遗迹社会服务功能数字化重构的必要性及可行性

西四北八条胡同平面图

后，通过在线虚拟平台、VR 硬件设备展示、二维码、App 等形式，对上述成果进行线上和线下两种展示途径的展览展示。

该方案的实现具有较大的优势和现实意义：第一，实现了实体展陈（馆内＋室外）的虚拟化和高度自由化。虚拟展示平台使观者可在任意时间、地点不受干扰地自由游览，且观者可按自己需求选择浏览内容，包括观看建筑细节、了解相关知识、品味风土人情、参与场景互动等，可以满足不同年龄人群的不同需求，尤其对年轻人和学生更具有吸引力。此外，观者配合 VR 演示设备（HTC 头盔等）的使用，还可以获得真实的现场感，具有传统展陈方式无可取代的互动性和代入性。

以人力车夫形象为主的导引前进标志

第二，突破了虚拟展示完全不受空间与展品种类的局限。理论上该平台只要是敞开的，展示内容就具有无限的包容性和扩容性，也无须面对实体展陈环境控制、安保、游客限流等实际问题。第三，这种展示方式实现了产品形式的多样化。数字化复原模型建筑的基础数据是唯一的，但用于展示的平

第三章 吴锦堂文化遗迹社会服务功能数字化重构的必要性及可行性

"知识点介绍"界面

台却可以是多样。同一组模型既可用于在线虚拟平台或 VR 场景展示，也可经后续修改，用于移动导览、移动 AR 等等，具体应用形式取决于后期应用的方向和策略。此外，各展示平台之间也并非相互孤立存在，而是与数字模型的普适性一致，如满足一定条件即可实现数据共享。第四，实现了单体建筑、院落及历史街区的数字化保存。该措施与传统历史风貌和古代建筑复原经常采用的手工建模不同，而是以实地采集、测绘到的数据信息作为数字复原建模的基础。西四地区集中保存有数量较多的历史建筑，借助三维激光扫描仪、摄影测量等数字信息采集设备，对街巷及所选历史建筑进行真实数据信息的采集，并将现状信息以立体化、数据化的形式长久保存。

这种形式与手工建模数据的不同之处在于：三维信息数据的采集方式与采集设备是客观真实、基本未添加任何人为成分的。因此，其数据成果可以真实反映历史建筑现状的。同时，采集的数据可以可量化，作为建筑信息的

"场景复原"界面的前后对比

立体图纸,完全满足四有档案编制标准的要求。相比传统的照片、文字等记录形式,3D 信息数据显然具有更大的信息量和实用性,对于历史建筑保护和修缮等意义重大;一旦实物受损,这些采集到的数据将具有无可取代的珍贵价值。此外,对于已消失传统建筑和现存传统建筑的改建部分,则可借助古建筑设计单位的专业基础知识,并结合现存资料进行科学的虚拟复原,建立标准的传统建筑模型。

6. 百年老字号"六必居"AR 博物馆项目

百年老字号"六必居"AR 博物馆项目是基于对六必居网络店铺、官方网页、微信等展示宣传现状方式的考察基础之上,经对比研究后提出的新数字化展览展示方案。(具体差异对比见《六必居新旧展览展示对比表》)

第三章 吴锦堂文化遗迹社会服务功能数字化重构的必要性及可行性

六必居新旧展览展示对比表

名称	传统展示宣传	本项目设计方案
内容	内容保守、形式拘谨	内容多样、形式多元
性质	互动性差	互动性强、参与性高
理念	宣传、推广缺少逻辑体系；	挖掘历史文化→树立品牌新形象→提升"六必居"的社会效益和经济效益；
受众年龄层次	中老年	青中老年
表现形式	传统	形式新颖、技术含量高、利于后期文创产业开发

针对六必居前门老店博物馆的展览展示现状，如老匾额、老广告单、古井、老照片、传统服饰与十二大经典产品，以手机 App 为移动终端载体的，运用增强现实技术，推陈出新，设计出互动性强、趣味性高、形式新颖的展览与运营模式，从而更好地传承六必居的历史文化，挖掘新时代六必居老字号的品牌文化，提升六必居在数字经济时代的综合竞争力。同时，本项目方

六必居 AR 博物馆

案尝试在网络购物背景下,打造六必居的网购品牌形象,进而增强六必居的知名度和产品销量,以期达到社会效益和经济效益的双丰收。

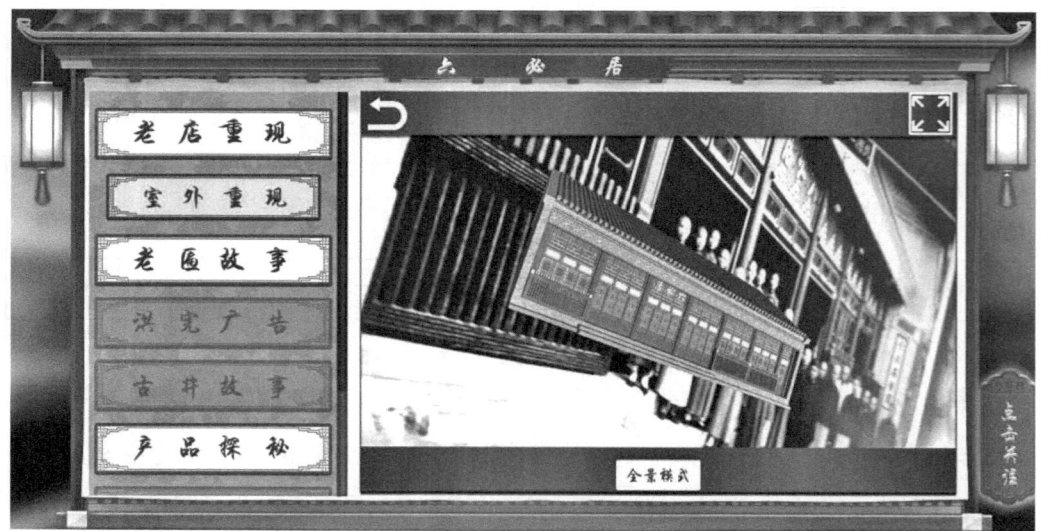

老店重现

产品探秘

第三章 吴锦堂文化遗迹社会服务功能数字化重构的必要性及可行性

老匾故事

宁波吴锦堂文化遗迹数字化保护与利用研究

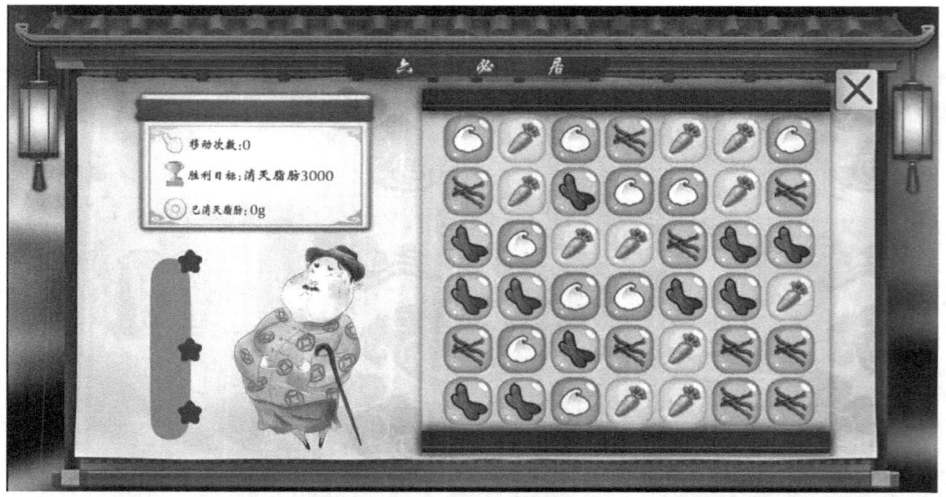

第四章　吴锦堂文化遗迹分析

一、概况及保存现状

（一）吴锦堂文化遗迹的概况

1. 锦堂学校

根据浙江省文物局监制的浙江省文物保护单位记录档案[①]可知：锦堂学校旧址位于观海卫镇、吴锦堂故居旁边，是爱国华侨吴锦堂先生为振兴中华、启迪民智，于清光绪三十一年（1904年）在家乡独资创建。原为七年制二等小学，后改中等农业学校，1933年改为"浙江省立锦堂乡村师范学校"，现为慈溪市锦堂高级职业中学使用。

（1）地理位置

锦堂学校具体的地理位置位于浙江省慈溪市东部观海卫镇锦堂村（原东山头乡龙王堂村）锦堂路139号，西距慈溪市城区约17千米、距观海卫镇中心约2.5千米，东北距杭州湾约8千米。主体建筑坐北朝南，东、南临河，西依民居，北靠高约10米的隐架山，其东约900米有南北向国家级高速公路——沈海高速公路，南200米为东西向村级公路锦堂路。锦堂路西约700米为东山头路，沿东山头路往南为329国道线（杭甬公路），沿路北上2000米处有贯穿慈溪全境的中横线。旧址西南约7.5千米为白洋湖和杜湖水库，西侧500米处为油车江。油车江南起快船江，通徐家浦，东北达四塘横江，东西通

[①] 1985年，慈溪市文物管理委员会为配合浙江省文物遗址调查工作，对锦堂学校（又称锦堂师范旧址）的地理位置和基本概况进行了调查，整理出包括照片、相关文字资料及平面图在内的调查报告。2008年5月，慈溪市第三次全国文物普查队对锦堂学校旧址进行了复查。

淞浦和洋浦，为慈溪东河区主要河流。锦堂学校旧址地处明代抗倭卫城观海卫镇东北，西北约700米外，有它山、卫山、银山、营房山组成连绵低丘，还有它山古迹、卫山烽火台、瓜蒂山烽火台等抗倭遗址，向北200米有小丘瓜蒂山，向西沿锦堂路200米为吴锦堂故居。

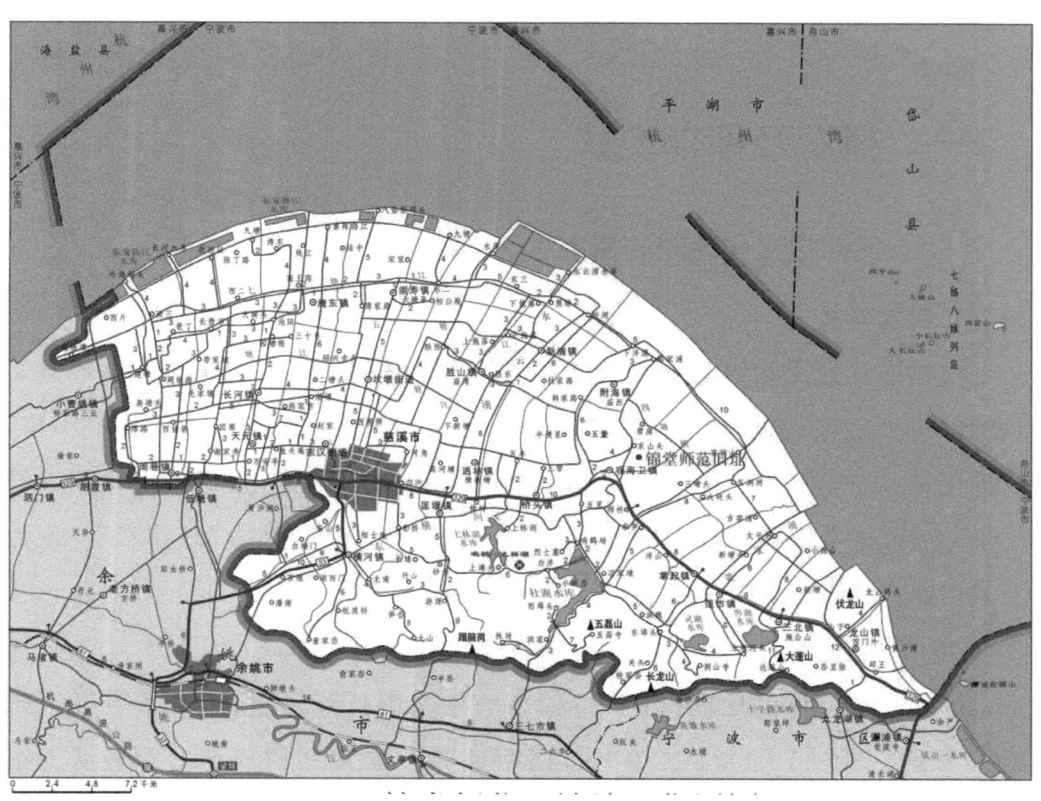

锦堂师范旧址地理位置图

锦堂学校周边水陆交通便捷。其护堂河南通徐家浦，东北达四塘横江，东西通淞浦和洋浦，为慈溪东河区主要河流；沿锦堂路向西约700米，南侧东山头南路连接329国道线（杭甬公路），北侧东山头路向北2000米处有贯穿慈溪全境的中横线。学校初建时，周边空旷荒凉，随着经济发展，学校旧址周边现已是房屋林立。南侧锦堂路为学校的体艺馆和操场，东侧隔护堂河为村民民居，西侧东山头村也为大片村民民居，西北方向则为密集的私营企业和居民区，东部和南部尚存有大片耕地。改革开放以后，民营经济飞速发展，小家电、针织服装、塑料、化纤等成为当地主要产业，务农人员比率也大大缩减。

（2）建筑布局与形制

学校依山临水，整体工程规模宏大，建"口"字形教学楼一幢，共计104间房及杂平房19间，另辟有操场、花园、蓄水池、学堂河等，历时3年建成，耗资23万余银圆。浙江巡抚呈光绪皇帝的请赏奏折中称其为"浙江私立学校之冠"。

锦堂学校主体建筑

锦堂学校的主体建筑是西式口字形二层教学楼，坐北朝南，由前后东西四幢楼组成。东西、南北面阔各十五间，进深九檩，建筑占地面积3492平方米。整个建筑为砖木结构，人字梁架结构，双坡顶，盖小青瓦；墙体为青砖错缝实砌，白灰嵌缝，每层墙面间隔四道红砖，上下二道为三层红色平砖，中间二道为三层红色平砖；每间方柱隐出，红砖错缝平砌。外墙立面一层和二层交接处用红砖起脚线，中隔二层青砖，分为上下两层。建筑每间辟门窗，顶部采用泥幔吊顶（板条抹灰）。

前楼面宽55.95米，进深6.65米，设有后廊，主立面中间出半圆形抱厅，下为门斗，上为铁栅栏护围的训导台。门厅三开间，一层为券形大门，两次间置券形小门，门两边红砖墩柱，柱头堆塑卷叶状，为文艺复兴时期壁柱变化而成；二层三开间，明间置券形前门，门两侧砌红砖墩柱，门上方砌叠涩门头，中嵌石额，上刻名儒林世涛题写的校名"锦堂学校"；石额上方砌有半圆形欧式山墙。前楼除门头外，一、二层每间置一窗，一层为拱券窗，二层系平券窗，均有窗台。

东西两楼对称，各面阔十一间两弄，总面宽42.62米，总进深8.45米，设有走廊与前后廊连；两弄分设于一楼的南北两端，南端弄堂设木楼梯，宽1.4米，通上下楼，弄堂两端设出入通道。后楼面阔十五间两弄，其中面宽55.95米，进深8.71米，正立面设有走廊，两弄分别置于一楼东西两端，各置木楼梯一架，且各开北侧通道一处。

主楼面向天井一侧周围的走廊贯通。一层走廊为青石板铺地，廊柱采用青砖实砌；室内依据使用功能不同，铺地板或彩色水泥方砖。二层走廊木地板铺地，外为扁铁缠枝纹栏杆防护，廊柱下部使用红砖平砌，上部为车木廊柱，且柱间饰挂落，雕刻精美、工艺精良。四周建筑围合的"口"字形天井

建筑中间的方形大天井

廊柱和栏杆上的精美装饰

内，栽花植木，形成了一个独立而幽雅的学习环境。建筑上采用的科林斯式柱头、叠涩窗框、缠枝纹栏杆、车木廊柱等装饰手法，极具浓郁的欧式风格。

2. 吴锦堂故居

吴锦堂故居是在吴锦堂侨居日本神户时所建，坐落于慈溪市观海卫镇锦堂村，为硬山顶砖木结构的二层传统建筑，主体建筑面阔五间，前设檐廊；进深六柱七檩。其中，明间4.4米，次间3.8米，梢间与面宽5.1米、进深3.3米的两间厢房连接，形成三明二暗的建筑格局。天井院面积约39平方米，采用老石板铺砌，前筑围墙连贯东西厢房，围墙正中置砖石门楼，上镌砖雕题额，外书"日升月恒"，比喻事业日趋兴旺，内作"兰芬桂馥"，比喻德泽长留后世。吴锦堂先生可谓富甲一方，完全有条件在家乡营造一幢江南豪宅。但是，整个建筑仅为余慈地区一处普通的传统民居而已，外观风格和内部装饰均彰显庄重朴实。

吴锦堂故居(一)

吴锦堂故居(二)

第四章 吴锦堂文化遗迹分析

吴锦堂故居中悬挂的吴锦堂像

他每次归国省亲、风雨奔波时的食宿栖居之地,与其名震东瀛的实业界巨头身份形成了极大的反差;同时,也印证了吴锦堂先生所言:积财给子孙,不如积德给子孙。1986年8月,慈溪县人民政府将吴锦堂故居公布为第三批文物保护单位。2017年1月,吴锦堂故居和墓公布为省级文物保护单位。

3. 吴锦堂墓

吴锦堂先生墓位于慈溪市观海卫镇白洋湖畔,由墓园和墓庄二部分组成,占地面积1354平方米。1926年1月14日,吴锦堂先生在日本神户养和山庄与世长辞,享年72岁。在其弥留之际,一再嘱咐子孙将遗体运回祖国,葬在家乡。1929年农历四月初十,其子启藩等将灵柩经上海、宁波从水路辗转运至慈北,并在金仙寺举行了隆重的追悼营葬仪式。因念其"不欲以多金为子孙计"的懿行硕德,慈北广大群众扶老携幼,自发前往为锦堂先生送行致哀。

吴锦堂墓

　　吴锦堂墓前湖堤横贯东西，东接金仙寺，西邻湖口村，东南近杜湖，西北是漾塘，恰居于锦堂先生生前造福乡里的重点水利工程中心。墓园平地起墩，四周条石砌筑，形成一块南北长38.3米，东西宽25.4米，高于路面的长方形大平台，其正面为石栅栏，东、西、北三个方向置水泥栏杆。进大门入墓园，墓道左右置抱鼓石，墓前外明堂石狮相护，内明堂石鼓对列，周围长条石兼作石凳，正中墓穴高4.81米，呈圆锥形，四周建有32个花坛，植松柏栽花木，气氛庄重，环境幽美。墓碑则由清代末科状元张謇题写，横刻"吴锦堂先生墓"六个大字，墓表由中国民主革命思想家章太炎书丹，两侧镌刻锦堂先生自撰对联——"为爱湖山堪埋骨，不论风水只凭心"，寄托了对祖国乡土深深的眷恋之情。

　　墓庄为两进院，前后院正厅均面阔五间，二进院内设左右厢房，平面呈"口"字形，系硬山顶砖木结构高平房。墙体采用青砖错缝实砌，正立面门额

第四章 吴锦堂文化遗迹分析

吴锦堂墓庄

镌刻有"吴公墓庄"四字，门前有石板铺设的明堂约390平方米，与墓园相通。二进院明间及两侧次间为享堂，门额上悬挂有慈溪县人民政府"流芳千秋"匾，明间内正中高悬大总统于1916年8月题褒的"热心公益"牌匾，正中挂吴锦堂先生遗像，两旁撰联"修浚湖塘稻棉年年丰稔，振兴教育子弟济济成材"，表达了后人对其缅怀之情。左次间悬挂1915年浙江巡按使屈映光，特奖助款赈济之吴绅作镆的"惠敷桑梓"牌匾。右次间悬挂江阴冯环于己未秋日题写的"世外桃源"牌匾。

　　"文革"期间，锦堂先生坟墓和铜像遭到破坏。1984年，慈溪县人民政府按原样重建墓园，以纪念吴锦堂先生爱国爱乡之精神。1986年秋，日本神户侨商领袖陈德仁拜谒锦堂先生墓，并在墓东侧建"泽乡亭"，立"泽乡碑"。1986年8月，慈溪县人民政府将吴锦堂墓公布为第三批文物保护单位；2017年1月，吴锦堂墓被浙江省人民政府公布为第七批省级文物保护单位。

墓庄内的吴锦堂生平陈列室

慈溪县人民政府"流芳千秋"匾

第四章 吴锦堂文化遗迹分析

"热心公益"匾

"惠敷桑梓"匾

"世外桃源"匾

（二）吴锦堂文化遗迹的保存展示现状

锦堂学校旧址现存主体建筑"口"字形教学楼经过多次养护和修缮，保持了初建时的结构和形制，并且仍在作为锦堂职高的教学楼继续使用。虽然后期新建较多教学设施，但学堂河、学堂桥、水池、楼前广场等基本格局未变。现存"口"字形教学楼经百年来风雨侵蚀、风化，外墙面和一楼走廊廊柱局部出现风化，外侧抹有水泥加固，整体面貌有部分破坏。

1984年，学校恢复"浙江省慈溪锦堂师范学校"校名，并在慈溪县人民政府的指示下，于校内设立了"锦师校史陈列室"，用作展示吴锦堂先生关心祖国教育事业、热心社会公益的爱国精神和检阅锦师七十五年来的办学实迹及历史成就，现已成为全校师生培养爱国情怀、传承民族精神的重要阵地。陈列展览主要由"吴锦堂生平事略"、"锦堂学校时期（1909—1931）"、"浙江省锦堂乡村师范（新中国成立前时期）"和"新中国成立后的锦师"四部分组成，汇集了大量照片、书影、书信、地图和场景图片等资料，并配以相关文字介绍。2009年学校百年校庆之际，为纪念锦堂学校成立100周年，慈溪市教师进修学校（原锦堂师范学校）又重新布设了"锦堂师范校史陈列馆"，用做对外开放。

由于吴锦堂的影响力及其故居、学校和墓庄的特殊文物价值，管理部门先后对相关文物进行了维修，使得故居、学校和墓庄都能真实、完整地保留下来，并呈现给世人。目前，虽然吴锦堂故居和墓庄都得到了良好保护，并作为名人事迹陈列场所对外开放。但是，总体来看，吴锦堂故居和墓都还存在必要服务设施不完善的情况，许多反映人物生前精神、价值内涵的重要实物（文件、手稿等）都未能在展厅内陈列，导致展示载体偏重于实体建筑，忽略了人文属性。同时，由于故居本身因为所处地理位置相对闭塞、建筑周边环境局促等因素，造成其展示不足、形象弱化，严重削弱了吴锦堂故居应有的影响力和传播力。而吴锦堂墓及墓庄本身处于湖光山色的白洋湖畔，也由于展示内容不足，目前进入墓庄参观只能进入陈列室房间，其

故居后门现状

故居展示展板形式

他房间还没有被完全利用起来，因此游人对吴锦堂墓及墓庄的关注较少，把大量时间用于参观金仙禅寺或室外游玩，未能充分激活其文化遗产的价值活力。

综合分析吴锦堂文化遗迹保护展示现状出现的问题，其根本原因主要是对文物价值内涵的认识不足，从而导致了对人文属性的忽视。基于此，提出对锦堂遗迹的合理化保护建议：第一，对文物建筑的保护首应重视其整体风貌的保护，结合文物周边环境设置与之相协调的必要设施。第二，开放吴锦堂故居，增强文物的可直达性，使游人能够近距离体会名人故居建筑的价值内涵。第三，树立正确展示理念，对吴锦堂故居的展示不仅仅是展示其建筑本体，而是讲述故居背后的故事，锦堂先生爱国爱乡的精神内涵。同时，对开放后可能出现的破坏现象通过提示牌、宣传教育以及一定的限定措施等方式解决。第四，吴锦堂墓及墓庄的保护不应仅停留在实体保护的方法上，而应该探索全面的、强调人文精神内涵的保护方法。

墓庄内陈列室展示现状（一）

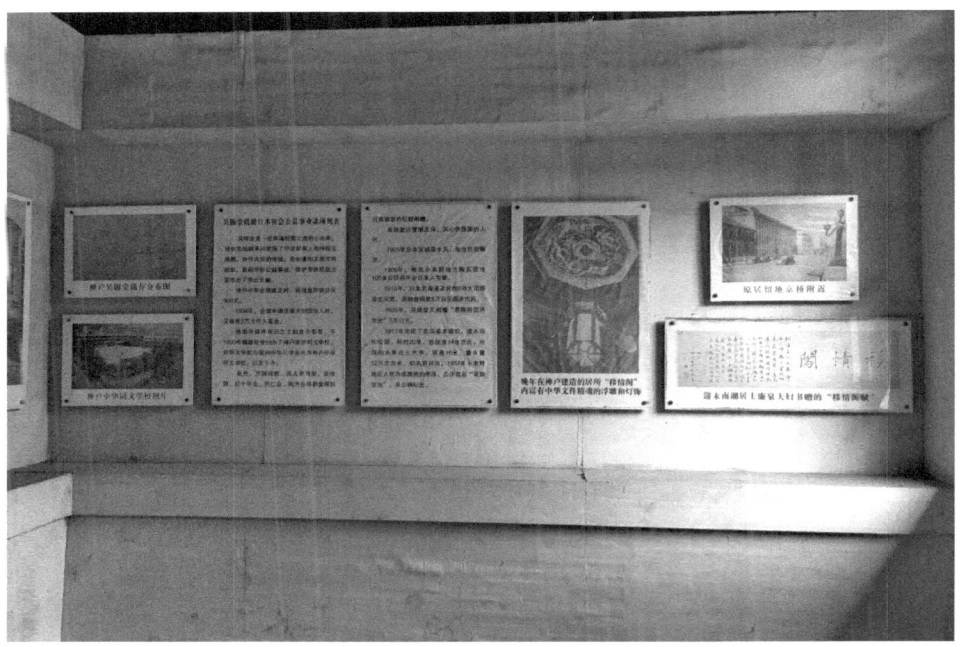

墓庄内陈列室展示现状（二）

墓庄内陈列室展示现状（三）

墓庄内陈列室展示现状（四）

二、核心特质

文物的核心特质是文物的重要本质内涵,是文物独特的个性化内容。吴锦堂文化遗迹的核心特质具有多样性、多元性等特点,具体体现在历史地位、教育史地位及社会地位这三个方面:

(一)吴锦堂文化遗迹的历史地位

锦堂学校创办至今已近百年历史,学校尽管数易其名,但学校以服务国家、振兴民族为宗旨,为国家革命和建设事业培养出大批人才,如我省早期农民运动领导人卓兰芳、著名书法家沙孟海、著名工笔花鸟画家陈之佛、江南笛王赵松庭等。此外,学院还培养了大批优秀的教育人才,为慈溪当地乃至全省的教育事业提供了高素质的师资力量。锦堂师范的良好校风,已经升华成一种精神瑰宝,深深地激励着数代莘莘学子的成长。

吴锦堂先生是近代史上著名的爱国侨商,也是近代海外"宁波帮"商人的杰出代表,在我国近代华侨史、中日外交史、近代商业史、近代教育史上均具有相当的影响力。锦堂师范旧址是吴锦堂先生教育救国、实业救国理念和实践相结合的体现,也是以其为代表的"宁波帮"商人爱国爱乡、开拓务实精神的重要载体。

鸦片战争的炮火使中国沦落为半殖民地半封建社会。19世纪末,中国社会掀起了教育救国的社会思潮。吴锦堂深谙日本近代发展与教育的密切关系,深切体会到"近世列强竞争,教养二事,实为至要。国民失养,则无以为生,国民失教,则难以争存"。因此发出了"日本富强,悉基教育,虽贩夫牧竖,无不勤学读书"的感慨。

1905年,吴锦堂先生"慨故里之学校不足",在家乡担当起办学重任,创办七年制二等小学,以求启迪民智、发展科学文化。他处事严谨,办学规范,设施力求齐全,师资力求精良,课程设置符合部颁要求,开创了高质量的教育新风。他辟地百余亩，凿渠数里，导引清流，并聘请日本建筑师设计，历经三载，建造了教学、生活、休憩、运动一应俱全的现代教育设施。在师资配备上，吴锦堂广求贤才，重品德学问，延聘的校长、教员，均不慕荣利，治学严谨，于教学不惜呕心沥血。当时，在宁波近代教育师资匮乏的情况下，吴锦堂所办学堂的师资阵容已相当完整。虽为私立学堂，但学校课程大体上遵循学部的规定，办学章程和教职员工名单都呈报省政府备案，主要设置的公共课程有修身、国文、外国语、算学、物理、化学、博物、图画、体操等；专业课程有土壤、肥料、作物、园艺、农具、气候、病虫害、畜产、水产、林业、养蚕、农产品制造和农业理财等；同时，开辟实验室、桑园等场地设施，培养了学生的实践操作能力。

吴锦堂先生在实业救国的思潮影响下，为振兴家乡农业，早有因地制宜创办农业学校的设想。学校开办第二年，锦堂先生即增设初等实业学校，开设了蚕业科，而后捐助巨资全力筹办农校。1911年，锦堂学校改名为锦堂农业中学堂，设置农本科、蚕本科两个专业，聘请奉化前清廪贡生江起鲲为监督，开创了慈溪近代农业教育的先声。

精良的设施设备、师资配备，需要有充足的资金予以保障。学校开办五年共计投入办学经费20多万银圆。为使学校长久经营，吴锦堂还将学校房屋及所捐之地亩、铁路股份，均作为锦堂学校永久财产，并咨请浙江巡抚立案订下子孙不得干预学校校务，以警后人遵守。

吴锦堂先生深谋远虑、高风亮节的举动，被国内外有识之士广泛传颂。蔡元培先生主持的"中国职业教育社"在评述全国教育事业时，将吴锦堂、陈嘉庚、聂云台并称"中国办学三贤"。

（二）吴锦堂文化遗迹的教育史地位

锦堂学校百年历史记录了近代慈溪探索现代化教育的历程，是现代理念的传播通道，为当时的有识青年打开了一扇了解社会、了解世界之窗。锦堂学校的办学理念及实践，开创了中等教育理论与实践相结合的模式，对我国职业教育产生了深远影响。锦堂学校初建时，设施齐全，师资精良，办学规范。清宣统三年（1911年），浙江省府委派专员对学校进行实地勘察，称锦堂农业学校"委系工坚料固，名实相副，而规模之广大，设置之周妥，器具之精良，尤无一不臻完美，洵为浙省各私立学堂之冠"。

学校在教学中注重人才培养和思想道德教育并重，所聘校长、教师均不慕荣利，治学严谨，于教学不惜呕心沥血。锦堂学校历年的校长如江起鲲、楼艮、叶谱人、诸章达、童春、翁廷瑞等，皆是姚慈一带俊秀；作为监学的卓慈沛、楼艮、葛荫元，作为农业教员的汪以敏、陈廷翔等，作为蚕业教员的邬祥赓、朱祖悦等，作为外语教员的戎昌骥、林鸿等，作为国文教员的高蒲、童春、邵瑞彭、黄宪儒、傅巨川等，皆是中外专科学校毕业之优等生，为学校树立了良好的教学风范。

学校还吸收外国文化，选派优秀学生出国留学。在锦堂学校的课程设置中，吴锦堂特别开设了外国文，包括英文、日文，聘请日本关西英文专门学校毕业的优秀人才为教师。除要求学生学习外国语言外，吴锦堂每年还选派优秀学生出国留学，吸收外国先进的科学文化知识。

近年来，从教育学角度研究吴锦堂先生及锦堂学校办学理念和实践的成果也日益繁多。《经济与社会发展》杂志2007年第6期发表了纪立新撰写的《吴锦堂的近代农业教育实践》，其中分三个阶段详细论述了吴锦堂先生从规范办学至创办农校、实施农业教育等一系列办学理念的成形、转变及实践；还有《论侨商吴锦堂的捐资办学思想及实践》一书，研究内容结合吴锦堂捐资办学实践，深刻剖析了其办学特色、动因及其影响等。随着中日文化交流合作的加强和国内外学术研究的人员、交通和信息共享等方面的互通开放，教育史领域的锦堂学校研究将进一步得到深化发展。

（三）吴锦堂文化遗迹的社会地位

在社会变革中，锦堂学校进步师生积极投入社会变革和民族抗争洪流，曾有"浙东民主堡垒"之称。抗战之际，国难当头，学校转辗迁移，师生患难与共，同仇敌忾，修筑道路，开辟沙滩作运动场，增设体育童子军师范专科、社会教育师范专科、国音教师培训班等，积极投身抗日救亡活动。经费困乏之际，开展劳动创造生活之资，形成自治自律，勤奋好学的风气。1946年锦师迁回原址后，广大学生在中共地下党影响下，关心国事向往革命，校内进步组织相继成立，如"金风文艺社、力行学社、石磊学社、读书促进会"等，并出版了《新文艺》《苍茫周报》等杂志。郭沫若先生曾为锦师《新文艺》题词，叶圣陶、许广平、赵景深等也先后来函锦师对学生活动予以亲切指导，为反对内战、迎接解放、保护学校做出了卓著成绩。

三、文化价值

（一）开创职业教育先河

锦堂学校自创建后，百年中育人不断，为我国的各项事业培养了大批优秀人才，例如著名的抗战时期的中共浙江省委书记竺兰芳，一代工笔大师陈之佛，饮誉海内外的书法家沙孟海等等。这些成绩的取得和锦堂师范先进的教学理念、进步的教学思想密不可分。锦堂学校于1907年开始兴建，1909年落成。此后，吴锦堂先生又先后出资十多万元，不断扩建校舍，调整课程设置，增补教学设备等。宁波帮捐资办学之巨闻名遐迩，不少宁波帮先驱亲力教育，开创了传统私塾到新式学堂、普通教育到职业教育之先河，在办学实践中处处体现出务实、崇德、开放、重师的办学思想。锦堂学校为当时渴望进步的青年们打开了一扇了解社会、了解世界的窗口，其办学中的教育理论与实践相结合的模式，产生了深远的影响。因此，锦堂学校最突出的文化价值要素，即是其作为开创职业教育先河的典范，对推动我国近现代职业教育发展具有的重要意义。

（二）华侨爱国精神的重要象征

吴锦堂先生创办锦堂学校的事迹，作为宁波帮商人捐资办学、造福桑梓的典型。在宁波帮文化研究的相关资料中多有述及，吴锦堂文化遗迹已经成为华侨爱国精神的重要象征。后人对吴锦堂先生生平和贡献的研究资料，颇为丰富，如《慈溪县志·人物篇》以及《辞海》中均有吴锦堂这一条目；《续刻杜白二湖全书》民国版中，有《开锦堂学校捐款浙抚增咨》《慈溪县照会锦堂学校校长文》《慈溪县仲朱批宪札摧造水利学校收支清册照会》、员陶慈溪县仲会详查明请奖详文并抚院转》《前清浙江劝业道核奖照会》《抚院咨询文》《慈溪北乡六区自治会董等呈农商部总长兼水利局总裁张公呈》等七文；《慈溪政协文史资料》第八辑刊有《吴公锦堂铜像记》缅怀吴锦堂为乡里做出的业绩；《修志通讯》中刊有日本人中村哲夫写的《吴锦堂财阀的形成》，介绍了吴锦堂先生的经商业绩；《寻绎慈溪文化之源流》的人物篇中写到了《爱国华侨吴锦堂》，高度评价了锦堂先生的一生。在吴锦堂诞辰140周年之际，慈溪召开了吴锦堂先生诞辰140周年纪念大会，会上市委常委、宣传部部长柴利能以及伊敏芳副市长对吴锦堂先生的一生给予了高度评价。

2005 年，《吴锦堂研究》一书于吴锦堂先生诞辰 150 周年纪念会上正式发行。此书由宁波市政协文史委员会和政协慈溪市委员会合作征集编辑，共计24万字，包括"生平事略""文苑撷汇""史海经纬"三部分，收录有《侨居神户的华侨——吴锦堂》《吴锦堂"财阀》《清政府华侨政策与吴锦堂实业活动（节选）》《吴锦堂与日支实业协会》《吴锦堂慈北治水谋略与实践》《论侨商吴锦堂的捐资办学思想及实践》《吴锦堂回国时机的选择》等七篇论文，是中日两国多角度研究吴锦堂先生活动的学术成果。此外，书中还包括吴锦堂诗文选、各种相关碑记文章以及与当时著名人士的来往信件及相关公函等数十篇极有价值的史料。该书采用向海外征集史料、中外协作征编的方式，开拓了文史工作的新途径、新局面，被列为"宁波帮"系列研究丛书之一。一系列研究成果印证了吴锦堂文化遗迹已成为爱国爱乡、开拓务实精神的象征，体现着他教育救国、实业救国的理念和思想。

（三）促进地区建设和发展

　　吴锦堂虽长期在日经商，但情系桑梓。回到国内后，以慈北绅士的身份，全面参与家乡地区建设和发展，修水利、办学堂，大兴公益活动。在中国传统社会，地方社会秩序的维护如兴办水利、道路、学校、慈善等公益事业，无一不由绅士来操办。"绅士之可否，即为地方事业之兴废"。此外，如防盗、防匪、包揽词讼、教化乡民也是绅士当仁不让的义务。侨居日本多年，吴锦堂深切体会到："近世列强竞争，教养二事，实为至要。国民失养，则无以为生，国民失教，则难以争存。"他在家乡所办的公益事业，正是以杜、白两湖水利与锦堂学校为重点，并行不悖。兴修水利以利农业发展，兴办学校以利近代农业人才培养，两者相辅相成，缺一不可。这正是吴锦堂先生对自己家乡所需事业的认识。因此，吴锦堂文化遗迹的相关文化资源，还是当地发展建设的体现。

（四）名人事迹的故事价值

　　对历史人物和事迹进行文学加工形成小说中的人物形象和主题内容，并凭自身的吸引力，挣脱单一平台的束缚，在多个平台上获得流量，进行分发，是当下文化内容产业发展的重要趋势。从现有的研究资料来看，围绕吴锦堂先生的研究主要集中于以下三个方面：一、从回忆锦堂学校历史的角度，对学校创建及发展历程的追溯；二、从论述吴锦堂先生生平事迹的角度，对其爱国爱乡义举的颂扬；三、从教育学角度，对学校在中国近代职业教育中的地位作用的研究。这些研究主要集中于办学相关资料及大量的回忆性纪念文章。1996年杭州锦师校友联谊会自筹资金，发起编辑《情系锦堂母校》一书，以校友对以往学校生活的回忆、报道近年校友联谊活动的盛况、介绍母校新的发展、探讨影响深广的"锦师精神"为主要内容。《慈溪文史》第八辑也刊登了《锦堂学校简史》《难忘锦师附小》《我在锦师三年的所见所闻》《忆接受锦师片段》等文章，或回忆或感怀在锦师的生活。为纪念锦堂学校创建一百周年，以《百年弦歌绕云天》为题的纪念文集（上、下册）也正在编辑中，此书由慈溪市政协教文卫体和文史资料委员会、慈溪市锦堂学校百年校庆筹备委员会联合编辑出版。该文集囊括了吴锦堂先生生平及造福桑梓的相关资料、锦堂学校从创建至八十年代锦师复名前后这近百年内各历史时期的相关内容，包括文件、碑刻、诗歌民谣、回忆录等资料，是研究锦师发展过程的最详尽的资料集。吴锦堂文化遗迹背后的名人事迹价值已为浙东地区广大民众所公认，具有突出的文化意义。

第五章　数字化背景下吴锦堂文化遗迹社会服务功能的基本思路和策略

一、社会服务功能的基本思路

围绕新时代吴锦堂文化遗迹数字化重构的战略转型目标，以体现锦堂文化特色的社会服务功能为核心，以提供文脉传承、文化推广、对外交流为重点，以打造专业知识服务平台和文化创意服务为突破，全面提升吴锦堂文化遗迹在数字时代背景下的社会服务水平，从根本上保护好、传承好、利用好这一宝贵文化遗产，从而实现其真正的社会价值和经济价值。现就其目标定位做出如下基本思路分析：

（一）文脉传承

文脉传承是文化遗产社会服务功能中最基本的内容。文化遗产是一个民族、国家或特定群体在历史发展过程中创造的物质财富和精神财富，并且代代相传，构成一个民族、国家或群体区别于其他民族、国家或群体的重要文化特征。作为具有历史、艺术和科学价值的人类创造遗迹和文化表现形式，文化遗产不仅具有传承历史文化脉络的物质性，还具有在物质和精神层面的连贯性和统一性。它的服务对象涉及了不同年龄层次、教育水平、职业背景的社会公众，被视为传承历史文脉、弘扬民族精神、加强文化教育的不可替代的珍贵资源。

众所周知，文化遗产包括物质文化遗产和非物质文化遗产两大类，物质文化遗产即物质形态的文化遗产，主要包括古文化遗址、古墓葬、古建筑、

第五章　数字化背景下吴锦堂文化遗迹社会服务功能的基本思路和策略

石窟寺石刻、纪念性建筑、壁画等不可移动文物，历史上重要实物、艺术品、文献、手稿等可移动文物以及历史文化名城、街区、村镇等。如锦堂学校旧址、吴锦堂故居、吴锦堂墓等，都属于物质文化遗产的范畴。非物质文化遗产即非物质形态的文化遗产，主要包括口头传统、民俗活动、礼仪节庆、传统手工艺等以及与此相关的文化空间。物质和非物质文化遗产的区分不是绝对的，而是相互依存、互为表里的。物质文化遗产中的文物虽然是物化的文化成果，但任何文物均有其文化内涵，都是一定精神、思想、技艺、知识的反映和固化；非物质文化遗产虽然通常以精神、技艺、知识等抽象形态存在，但任何抽象形态都需要通过一定的物质载体表现出来。①

如锦堂学校旧址以"口"字形教学楼为代表，属于文物建筑的范畴，但它又是我国近代教育建筑的代表性范例，体现的不仅是单纯西式建筑艺术的文化价值，而且还是爱国华侨"教育兴邦""实业兴邦"思想和理念的体现。因此，在固化的文物建筑背后，必然包含着深刻的文化遗产内涵。不论是物质文化遗产，还是非物质文化遗产，都是历史的见证，都是人民智慧的结晶，都是民族精神的体现。通过对以锦堂学校为代表的文化遗产的保护、传承和合理利用，可以帮助人们树立正确的世界观、人生观、价值观；提高人民群众的科学文化素质，丰富人民群众的精神文化生活，使人民群众的文化权益得到更好的保障；增强地区群体的凝聚力，推动经济发展，实现社会效益和经济效益的双丰收。

尤其是在当下数字化技术迅猛发展的背景下，以博物馆（院）、纪念馆（舍）、美术（艺术）馆、文化馆、科技馆、陈列馆等专有名称开展活动的单位形式作为文化载体，对文化遗产资源进行数字化重构已经成为主流趋势。文化遗产不再以传统意义上简单的研究、教育、欣赏、收藏、保护、展示等功能为主要目的，而是转向以对公众提供开放的、丰富的、公益的、永久性社会服务功能为主旨，以传承文脉为最基本的内容，以辅助教育、休闲娱乐、

---

① 王云霞，http://chl.ruc.edu.cn/Content_Detail.asp?Column_ID=39596&C_ID=20024256，文化遗产法研究网．

知识服务等为一体的综合性社会活动。在"一切都在数字化"的境遇下,吴锦堂文化遗迹作为慈溪乃至浙东地区珍贵的活态文化遗产,百余年来不断发展更新,至今仍在文化、教育和交流等多个方面发挥着巨大作用。因此,利用先进的数字信息技术传承锦堂历史文化脉络,毫无疑问仍是其社会服务功能的核心和本质。

(二)文化推广

文化推广是文化遗产社会服务功能中的重要内容。文化遗产在我国文化自信建设中一直发挥着巨大的作用,它在传播中国形象、讲好中国故事中扮演着十分关键的角色。吴锦堂文化遗迹相较于一般博物馆(院)、纪念馆(舍)、美术(艺术)馆、文化馆、科技馆、陈列馆而言,三者自成一体,是锦堂文化遗产体系化的全面体现。尤其在弘扬华侨爱国精神、彰显浙东地区教育文化、宣传宁波商帮文化等方面,具有独特的文化魅力和鲜明的文化识别度。即使是在数字和互联网时代,对吴锦堂文化遗迹进行数字化、互联网化的文化推广仍是其社会服务功能中的重要内容。

锦堂文化遗产以锦堂学校旧址、吴锦堂故居和吴锦堂墓庄为载体,承载着名人思想传递、历史典故诠释等传统文化传播的任务。公众可在锦堂学校旧址,参观了解了近代历史文化背景,而后进入吴锦堂故居,观赏被还原的历史细节和故事场景,最后祭拜参观吴锦堂墓及墓庄时,进一步深入体会先生一生爱国爱乡的高尚精神。这种形式和途径的设计可从多个维度生动诠释锦堂文化的内涵。

如前所述,吴锦堂文化遗迹不仅开创了近代职业教育的先河,而且弘扬了旅日华侨的爱国精神、宁波商帮捐资助学的传统以及浙东地区先进的教育文化。一方面,"宁波帮"杰出的商业成就及其造福桑梓的办学善举,可谓声名远播。1900年,吴锦堂先生与其他华侨界有识之士慷慨解囊,在神户创办了神户华侨同文学校,后又出资兴办了神阪中华公学。1905年,吴锦堂深谙日本近代发展与教育的密切关系,在家乡慈溪兴建锦堂学校。1910年,

第五章　数字化背景下吴锦堂文化遗迹社会服务功能的基本思路和策略

吴锦堂把锦堂学校改为初等实业学校，1911年，锦堂学校改名为锦堂农业中学堂。

"宁波帮"由早期捐赠教学设施设备等办学方式发展到设立教育基金。此外，还有不少宁波帮先驱秉承独到的办学理念与实践，既注重传统文化教育，又紧抓职业技术教育，对近代教育及经济发展做出了突出的贡献。吴锦堂曾被著名教育家蔡元培先生誉为"办学三贤"之一。宁波帮势力的形成和发展与其重商的悠久传统、发达的区域文化有密切关系，更与其不失时机学习西方先进技术，积极开展对外贸易有直接联系，开放的思想促成商贸的繁荣，并也由此投射在办学的实践中。①

另一方面，浙东文化具有博纳兼容、经世致用、开拓创新、主体自觉的精神，自古以来浙东名人辈出、思想璀璨，涉及史学、文学、经学、教育等几乎所有的学术领域。从明中叶到清康熙中期，由于社会大动荡、政治大变革以及商品经济的发展和西学东渐的影响，一些教育家、思想家开始重新审视中国传统教育，并把批判的锋芒指向"高谈性命"的宋明理学，从而导致以强调"经世实用"之学为特征的教育思潮的出现。浙东学派即是当时实学教育思潮的典范之一。

在办学过程中，作为浙东地区的教育先驱，吴锦堂务实谨慎，通过调查分析，结合当地经济特点，调整办学规划。他在向清政府申请办学的报告中陈述："查本乡僻近海滨，沿海沙地不下五十万亩，东与镇海北乡毗连一处，其占地共约二百余万亩，居民均以种棉为业，惟素未讲求农学，不能免于歉收。近年来，各国人口增多，棉价胜涨。我国产棉，非惟不足敷外人所需，而棉质之柔韧，且远逊于美棉。故通商各口纺织机厂所需要之上等细纱，自六、七十号以上多取之远洋，因之美棉之价倍涨于昔，而内地脂膏，且将为外人吸取。若不设法补救，则民生日促，国计愈穷……拟设中等农业，于明春招生开办，而以初等家蚕各科附之。其原有初等简易科，悉仍

---

① 徐盈群. "宁波帮"的办学思想对当前高职教学改革的启示[J]. 浙江工商职业技术学院学报 .2009,8（1）:22-23.

旧章办理。"他还亲自到南通等地调查各省办农校的经验，并与张謇等商讨制定《中等农业学校章程》。1911年，锦堂学校正式更名为锦堂中等农业学堂，学制为预科2年，本科3年，设农本科、蚕本科两个专业，为当地培养了许多优秀的农业科技人才。虽然时值各地实业教育思想兴起，但很少有学校能够结合当地实际，服务于地方经济，多是重点培养学生农工商业的知识能力。因此，可以说锦堂文化也是中国近代教育史上浙东教育文化先进的典型代表。综上所述，作为吴锦堂文化遗迹文化推广服务的核心内容，这些传统文化在新时代重获新生，势必将大大推动吴锦堂先生相关文化遗产的发展和重构。

（三）对外交流

对外交流是文化遗产社会服务功能中的重点内容。文化遗产是不同时代、不同文明的交汇点，也是国际合作、国际交流的交汇点。在文化"走出去"建设的大背景下，文化遗产领域对外交流合作不断深化，许多文化遗产已经成为世界文明交流互鉴的亮丽名片。

例如：源于世界运河城市博览会的世界运河城市论坛，在世界运河城市发展交流史上具有里程碑意义。自2007年首次举办以来，已有11年历程。在国家部委支持和国际国内运河城市的通力合作下，该论坛见证了中国大运河从申遗到入选，沿线35座城市共同推进运河遗产保护复兴，实施江淮生态大走廊等众多保护项目，运河保护与申遗的"扬州共识"等；见证了运河沿线城市加强对话、合作以及谋求共同发展，35座城市经济总量增长1.7倍，财政收入增长2.7倍，让一亿七千万运河儿女有了实在的获得感。同时，携手世界运河城市共同发布《世界运河城市可持续发展扬州宣言》，运河城市论坛参与国家从10个增加到30个，开启了世界运河保护、传承和利用新篇章。2018年，该论坛围绕主题"世界运河城市文化保护、传承与利用"展开讨论，汇集了全球运河事业的支持力量和声音，展示了大运河统筹保护、传承和利用的"中国行动"，分享了大运河文化带建设走在前列的"江苏实践、扬州案

第五章　数字化背景下吴锦堂文化遗迹社会服务功能的基本思路和策略

例"，交流了全球运河城市发展经验，推动了运河世界遗产保护，促进了运河城市文化融入社会发展的"全球合作"等等。毋庸置疑，任何文化都是在不断的交流过程中实现演变和发展的，没有那个文化可以孤立地、封闭地实现自我进化，只有进一步增加对外文化交流，才能使不同文化之间互相影响、互相渗透，才能不断借鉴、吸收、融合外来文化，从而促进自身文化发展，取得长远进步。

互联网特色是当今时代的重要特征，它不受制于任何地点和空间限制，并且具备即时性的传播特点，是当下时空背景下传播文化极为重要的路径。传统的文化推广和交流模式往往依赖于某一场展览或表演的形式，只能起到"点"的效应，而互联网却具有"面"的优势。通过互联网的媒介方式对外展示、传播、交流锦堂文化，将成为文化遗产社会服务功能中的重要组成部分。

锦堂学校历史悠久，在海内外享有较高声誉。它尤其重视对外交流活动，不仅同国内同类学校保持着密切的联系，常常共同组织活动、提升职业教育水平，而且还同日本神户的中华同文学校、华侨学校等国外学校保持密切的来往和交流，在互相交流办学经验和办学特色的过程中，大大拓宽了对外展示和文化交流的范围。在数字时代背景下，文化遗产要打开大门，与世界共享资源，才能吸引更多的国内外专家学者的研究和关注，才能把文化遗产放在不同文明交流的大背景下深入探讨，更好地推动文化事业发展，实现"各美其美，美人之美，美美与共，天下大同"的理想境界。

（四）专业知识服务

专业知识服务是文化遗产社会服务功能中的拓展内容。在新时代背景下，以Web2.0、移动智能、互联网和数字化为代表的新技术的发展，彻底改变了传统教育的方式，为学习资源提供了丰富的载体形式，包括各级各类数字化数据库、专题网站、数字图书馆、数字博物馆、手机App等，人们通过检索相关信息，可以轻松获取大量有效内容。同时，人类也迎来了一个信息大爆炸的时代，每个人都将面临信息过载的局面。随着知识半衰期的加快，过去积累的经验和知识在迅速过时，伴随而来的是普遍性的知识焦虑。正如哈佛前任校长鲁登斯坦所言："从来没有一个时代，像今天这样需要不断地、随时随地地、快速高效地学习。那种依靠在学校时学到的知识就可以应付一切的时代，已经一去不复返了。"面对信息过载和知识焦虑，社会迎来了终身学习时代。管理学大师德鲁克将知识在历史中所起的作用，分为三个革命阶段：第一阶段，知识运用于生产工具，称之为工业革命；第二阶段，知识运用于工作之中，称之为生产力革命；第三阶段，把知识用于知识自身，称之为管理革命；三次革命的结果是人类用一个世纪创造的财富，是之前18个世纪的总和。可以说未来的竞争将是学习能力的竞争，知识所发挥的价值将达到最大化，因此提供给社会公众专业的知识服务已经成为未来文化遗产社会服务功能的一个拓展方面。

知识服务是从各种显性和隐性知识资源中，按照人们的需要有针对性地提炼知识和信息内容，搭建知识网络，为用户提出的问题提供知识内容或解决方案的信息服务过程。文化遗产从历史研究出发，是基本的证据和线索；从技术研究出发，其诸多形成工艺又有着现实的应用价值，围绕文化遗产所产生的知识信息成果，可以转化成一种对文化遗产本身新的认知。文化遗产相关的专业知识服务，既可以是一项公众服务，满足人们对文化遗产资源知识信息的各种需求；又可以作为教育功能的有益补充，让在校学生了解和学习。吴锦堂文化遗迹中锦堂学校旧址所在的院校，即可将同吴锦堂及锦堂学校相关的书籍、典藏、百科等资源进行系统梳理和深度挖掘，形成文化知识内容脉络、节点和体系，为人们建立文化遗产知识服务平台和提供个性化知识服务；还可以通过构建锦堂学校职业教育数字化的数据库资源平台，为在校学生和各届校友提供数字化的图片资源及视频资源（如教学视频、培训视频、讲座视频）等专业知识服务，推进知识服务的"共建共享"以及人与知识网络的"共享共生"。这也将文化遗产资源数字化未来发展的重点方向。

第五章　数字化背景下吴锦堂文化遗迹社会服务功能的基本思路和策略

（五）文化创意

文化创意服务是文化遗产社会服务功能中的创新内容。文化创意产业是在知识经济和全球化背景下发展起来的一种推崇创新和个人创造力、强调文化艺术对经济支持与推动的产业。1988 年，文化创意产业在英国作为一种国家战略和产业政策首次被提出，并且现已成为西方发达国家文化产业中的支柱产业，增长值超过 GDP 总增长值的 5%，比如美国的电影业和传媒业、日本的动漫业、韩国的网络业、德国的出版业、英国的音乐产业等等。用产业形式推动文化加快发展，是文化发展的必然要求，也是世界各国的普遍做法。随着互联网时代的发展以及中国经济新常态的转型和发展，文化创意产业也将会迎合时代发展的潮流，逐渐走向"互联网化"、"IP 化"；越来越多的机构也开始关注文化创意产业板块，争先布局和发展。在经济下行的压力下，文化创意产业正在以自己独特的发展特点，成为中国经济新的增长点。"十三五"规划明确提出，"到 2020 年，我国文化产业要成为国民经济产业支柱"，可见文化创意正在迎来最好的发展时代。

文化遗产作为重要的生产要素，对于促进国民经济发展显得越来越重要，主要表现在两个方面：一是通过文化遗产事业自身的多种收入来源实现，如文化旅游可以对经济社会产生综合的联动效应，带动相关产业的发展；二是通过文化遗产提供给文化创意服务的间接经济贡献实现，也是文化遗产融入现代社会和大众生活的一个重要途径。在文化创意与文化遗产资源相结合的基础上，对文化遗产进行创意性"活化"利用，已经成为当下文化遗产活态传承的有效方式。

文化创意产业是以文化元素的创意与创新为基础，经过现代技术的加工而形成的创意与文化相结合的产品，通过进行创作、复制以及重组与生产加工等多种不同手段进行利用，使文化产品得以生产，同时使其具备知识产权及版权，使人们高品质生活中的多层面需求得到满足，并且使文化高附加值得以实现新型产业。文化创意产业与传统文化产业相比，核心要素是人的创造力，即人们对创新的认识、创造力的理解以及创造新事物的能力。科学发展催生的数字技术进步以及体验经济的方兴未艾，均为新的消费模式需求奠定了基础，以文化遗产为核心的创意产品成为当今传播传统文化的重要手段。

以故宫博物院文创产品开发为例，基于深度挖掘丰富的明清皇家文化元素，将故宫的建筑、文物、历史故事等，用符合当代人视角的一种通俗、时尚的表达载体呈现出来，研发出一批批具有故宫文化内涵、鲜明时代特点、贴近观众需求、深受大众喜爱的故宫元素文化产品，并且已经取得了明显成效，风格多样的文化产品受到了各个年龄段人们的喜爱。截止至2017年，故宫博物院已经研发了万种以上的文创产品，年销售额超过15亿元。这种对故宫院藏文物资源进行开发的文化创意产品，既超越地理阻隔满足了普通观众接近文化遗产的愿望，又颠覆了传统文化"高高在上"的形象，将深厚的文化内涵包裹于实用的产品之中，走向大众，成为打通时空阻隔、传播优秀文化的典型案例，充分发挥了文化引领风尚、教育人民、服务社会、推动发展的作用。

二、社会服务功能的战略重点

（一）充分挖掘文化价值，积极推动文脉传承服务

吴锦堂文化遗迹的文化价值需要人们参与其中，在保护的基础上进行合理利用才能体现出来的。历史文化资源保护的目的是传承，因此将吴锦堂文化遗迹通过数字复原与数字再现等技术手段，制作成数字化虚拟信息资源，以供人们学习、交流与创新。例如，采用数字动画技术，通过图片、音视频等丰富的表现形式，复原、再现历史文化现象、场景、事件或过程；采用虚拟现实技术生成真实感的历史角色、动作、情景等；采用网络技术将相关历史文化资源数据整合上传至信息服务平台，实现历史文化资源广泛的交流和传承，并且从教育、科研等多方面开展利用，助推相关文化产业的发展。因

第五章　数字化背景下吴锦堂文化遗迹社会服务功能的基本思路和策略

此，充分挖掘锦堂文化价值对于增强吴锦堂文化遗迹的教育功能、科研功能、公益性经济功能具有十分重要的意义。

通过对吴锦堂文化遗迹相关物质文化遗产和非物质文化遗产的文化脉络进行调查整理，做好文化价值提炼，从而形成历史文化资源的整理思路与方法。首先通过对吴锦堂文化遗迹地理条件以及历史发展进程进行分析，梳理其主要文化脉络，并在此基础上提炼出特有的文化价值；其次对文化脉络、文化价值在空间上呈现的历史资源总结概述；最后按照文化价值集中体现、文化资源集中分布的原则，确定吴锦堂文化遗迹精华内容及其现实意义，从而形成历史文化资源的整体构架，为未来资源利用奠定坚实基础。

按照传统的保护方法，吴锦堂文化遗迹的历史文化资源通常是陈藏于博物馆、展览馆、纪念馆中，以文字记录、摄影录像、物品收藏等传统方法展示利用。按照上述形式，虽然保存了大批珍贵的历史文化资源，但是却并未赋予其活态发展的动力，极易使我们辛辛苦苦保护的文化走向"尘封"的结局。自文化遗产保护引入数字技术后，不仅能够更好地整理、收集、记录相关信息，而且还可以完成传统保护方式不能达到的展示要求与保真效果。

在数字化时代，吴锦堂文化遗迹可以通过数字化多媒体手段，效仿"体验型数字博物馆"的应用，呈现出更多的展陈形式，也使其保护与传承更加的立体化和多元化。如"数字化"讲好锦堂故事，让观众通过可触、可感、可听的一些手段，重新感受吴锦堂先生的人生轨迹，使其相关遗迹真正"活"在当下，走向未来；如戴一款 VR 眼镜，眼前出现的是锦堂学校曾经的营造过程，观众还可以参与其中，通过操控手柄体验在锦堂学校读书上课的感受，体悟近代宁波帮实业救国的思潮。此外，结合慈溪市锦堂高级职业中学的专业特色，还可以建立汽车驾驶体验项目，让体验者在一个虚拟的驾驶环境中，体感接近视觉、听觉和触觉等真实效果的驾驶体验，提供丰富和便捷的语音、触屏和手势控制等人机交互体验，接入快速增长的数字生态系统，推动数字化传承创新。

(二)优化整合文化资源,着力构建文化推广服务

如使锦堂文化得以更好地推广,就要优化其遗迹的文化内涵,提升其文化的服务品质,在数字技术运用、产业组合、精品项目、主题活动、推广交流等领域不断进行探索,注重锦堂文化的整体打造和内涵挖掘。通过引入先进的数字化技术以及全新的传播理念、运营模式,重新整合锦堂文化资源,调整文化服务结构,重置文化特色氛围,将文旅融合和商业休闲有机结合,使吴锦堂文化遗迹的业态发展更加丰富。在原有的爱国华侨文化、实业兴邦文化、宁波商帮文化、浙东教育文化等基础上,新增数字性、创意性、服务性强的项目及产品,不断扩大锦堂文化的辐射力、传播力和影响力,使其成为慈溪地区乃至浙东地区新的文化地标。只有切实优化锦堂文化,最大限度地发挥出文化效益,才能使锦堂文化持续、快速、健康地发展,更好地满足公众的文化需要。

对于吴锦堂文化遗迹中具有多元特征的文化遗产内涵进行整合,尤其是历史文化内涵,不仅可以突出其文化品位和自身个性,还可以丰富特色精品的数字文化内涵。目前,从近代教育建筑、名人故居和墓庄三种文化遗产类型的文化视角出发,构建文化推广服务,要立足于实际现状,梳理好文化脉络,以数字化重构为基点,适当地借鉴成功经验,通过运营机制的改革实施保护、传承、利用、开发以及推广,形成一套适宜属地管理的运营模式,达到"以文养文、以文兴文"的良性循环,从而实现社会效益和经济效益的"双赢"。

(三)大力提升对外交流层次,增强对外交往服务功能

随着互联网技术的不断发展,人类文化交流已经进入新媒体时代,不仅在时空上缩短了文化交流的距离,而且改变了文化交流和传播的方式。在新时代背景下,通过互联网进行信息交流与文化传播,已经成为吴锦堂文化遗迹未来的主要趋势。文化是沟通人与人心灵和情感的桥梁,如要提高对外交流的层次和质量,就要继续增强锦堂文化遗迹对外交往的服务功能。

第五章　数字化背景下吴锦堂文化遗迹社会服务功能的基本思路和策略

实际上，我们对文化交流的理解不能仅限于文化演出、文化展览、文化旅游等形式，举办围绕锦堂文化的相关活动，如吴锦堂先生诞辰纪念日、周年校庆等，固然可以增加文化交流的机会，但实质上还应更深层次的追求文化思想、文化思维以及构建独具特色的精神层面的对外交流。锦堂文化既要"走出去"，还要"走进去"，从文化竞争力、社会影响力和价值引导力等方面着手把握，积极促进多种文明交流互鉴，全面提升锦堂文化"走出去"的效果。例如：同日本神户的中华同文学校增强交流往来，为中日政治关系改善和文化深入交流增加正能量，不仅让锦堂文化走向海外，也让更多人深刻地了解旅日华侨的爱国精神。

在文化交流方面，吴锦堂文化遗迹应开展一批重点文化交流活动，尽可能广泛覆盖更多同类院校，吸引学生、校友以及华人华侨参与其中，打造对外文化交流的标志性品牌。在对外文化传播方面，设立具有锦堂文化特色的文化传播中心，带动锦堂文化的国际传播，从而推进对外文化交流、国际文化传播的良性互动，并在互动中抓准时机推广锦堂文化的创意产品，实现取得良好经济效益的同时也有效传播了锦堂文化的目标。

（四）全面建成数据库平台，精心运营专业知识服务

资源共享是信息化时代发展的必然要求。数字化技术对于历史文化资源的广泛共享而言，正是迎合这一时代发展必然要求的有力推手。以知识产权战略、创新驱动战略实施为指导，以推动数字技术和文化遗产的深度融合为目标，以打造"专业化知识服务"的新型文化遗产运营平台为宗旨，助推形成以知识运用为主线的公共服务和专业化服务环境，提升知识资源对文化产业运行决策和产业发展格局的影响力，构建基于知识运营服务的开放、多元、共生的创新生态系统。

具体而言，吴锦堂文化遗迹的相关历史文化资源传播有两个方面：1. 可用桌面、电子、网络、游戏、智能手机等媒介，实现速度极快且成本较低的数字化，使其历史文化资源产品迅速广泛地向社会传播；2. 基于数字媒介统一

平台建立其数字信息知识服务平台，整合多种媒介形式的历史文化资源信息，并借助无线网络、有线电视以及各种数字网络进行广泛传播。人们则可打破时空限制，随时随地分享文化信息资源，实现其文化资源最大限度地共享利用。该知识服务平台是开展知识资源服务的基础平台，能够提供各类信息的支撑服务；在此基础上，我们还可以利用基础平台的支撑服务建立起相关历史文化资源的专业数据库，形成不同领域的结构科学、层次清晰、覆盖全面、高度关联、内容正确的分布式知识库群，为今后实现知识资源的有序传播和国际化传播奠定资源基础。

（五）推进文化产业新旧交替，进一步培育文化创意服务

数字化技术打破了文化遗产保护和开发利用的长期矛盾。在保存文化遗产原貌的情况下，利用数字化技术开发文献资料、口述史等历史文化资源的文化价值和经济价值，不仅有利于其保护传承，而且有利于立体逼真的开发，从而形成文学影视、动漫游戏等形式的产业链，推动文化创意产业发展。此外，数字化技术对历史文化资源的创意产业开发，可以转化为文化创意生产力，不仅能形成一定规模的经济效益，还能调动人们保护和传承历史文化资源的积极性。

市场经济条件下的文化遗产不仅仅是珍贵的传统文化，还是一种稀缺的、不可复制的经济资源。因此，在保护和传承的基础上，要树立文化遗产的投入产出意识，把文化遗产的经济功能作为文化产业发展的重要内容，遵循市场经济规律和文化产业发展规律，努力提高文化遗产的经济产出，充分发挥其在促进文化消费、扩大就业、改善民生、推动区域发展等方面的作用。

对于吴锦堂文化遗迹而言，可以鼓励社会力量积极参与，吸引社会资金投入，注重发挥文化产业专家作用，发展具有优势的创意产业。属地管理单位也应积极发挥主导作用，加强规划引导，制定扶持政策，积极开展文化遗产的宣传、展示、教育、传播、研究、出版等活动，推动文化遗产的数字化开发与保护协同发展；延伸文化遗产的产业价值链，促进文化遗产与相关产

业的融合，创造新型文化业态，培育新的经济增长点。

三、社会服务功能的实现途径

目前，吴锦堂文化遗迹在社会服务方面具备基本的服务功能，但随着科技的进步以及数字技术在日常生活中的不断渗透，客观上要求吴锦堂文化遗迹要在原有基础上进行系统全面的数字化重构，更好地满足公众对社会服务丰富多元的需求。从当前国内文化遗产数字化重构的现状来看，吴锦堂文化遗迹应从服务理念、运作机制、服务内容、服务模式、服务质量、服务业态和品牌建设等方面着手，进行适宜合理的文化遗产数字化建构，为其升级和优化社会服务功能。主要内容包括以下几方面：

（一）创新服务理念和运作机制

构建良好的文化遗产社会服务功能，需要创新服务理念和运作机制的引导和规范。吴锦堂文化遗迹是公众参与文化活动的重要平台，社会公众的不断参与是文化遗产资源实际价值充分发挥的重要前提。在文化旅游融合的背景下，吴锦堂文化遗迹应注重以公众为导向，创新服务理念和运作机制，打造具有时代感的多元化文化遗产平台，为公众提供丰富的精神文化大餐，创造一个更加舒适的人文氛围。

为适应数字化背景下文化遗产发展的新常态，要把落实和完善文化遗产数字化服务理念摆到更加重要的位置，充分认识到数字化重构的必要性和紧迫性，建立相关服务办法，加大对社会效益突出的数字化项目扶持力度，持续推动服务运作机制的及时更新。要加快完善和实施有利于文化遗产资源整合和重组、数字内容创新、数字文化交流等措施，鼓励社会力量以多种方式融入文化遗产数字化重构中，激活文化创意产品的发展，统筹研究有利于文化遗产内容推广和项目推进的策略，完善加强知识产权保护、体现文化创新权益的措施，更加规范化地引导文化遗产数字化的发展。

建设文化遗产数字服务体系，一方面要从文化遗产基本的研究、展示、保护等多方面蓄力，还要从挖掘文化遗产的各项文化内涵着手，为文化遗产注入时代活力，提高文化遗产数字化运作管理水平，为文化遗产社会服务功能在数字时代的发展提供更多保障；另一方面，应高度重视文化旅游事业的发展，注重将锦堂文化、宁波商帮文化、浙东教育文化等融入旅游产业中，倡导文化和生活的融合。这样才能更好地推进其社会服务功能的完善，走以数字化带动文化遗产服务驱动发展之路，走以社会效益带动动经济效益的发展之路。

（二）拓展服务内容的新颖性和开创性

具有新颖性和开创性的服务内容，是数字时代文化遗产社会服务的核心竞争力，是文化产业创新发展的源泉。提升文化遗产的社会服务水平和质量，势必要依托不断创新升级的文化服务内容。近年来，在居民生活水平不断提高，文化消费需求逐年上升的大环境下，就吴锦堂文化遗迹展示利用方式的转型发展而言，带来了新的机遇和挑战。一是要适应新时期社会发展需要，加强文化遗产的数字化建设，不断推陈出新，打造数字化、多样化、多元化的文化服务，满足人们高品质的文化需求；二是要着重开拓社会服务功能的范畴，提供更广领域的新颖性和开创性服务，从推动以图书报刊、电子音像、展览娱乐、视频影视、动漫游戏等为代表的传统媒介文化资源向数字化转型开始，建设以互联网为载体的新兴文化数字化资源平台，积极发展资源平台共享、智能检索、个性化知识服务等数字服务，拓宽文化遗产数字产品及服务的传播渠道和服务空间。

对于传统意义上的博物馆（院）、纪念馆（舍）、美术（艺术）馆、文化馆、科技馆、陈列馆而言，除了提供基本游览参观体验之外，通常还设有咖啡厅、活动中心、演出平台、文创产品商店等集休闲与服务为一体的专属功能区。当今，新的科学技术不断地融入人们的生活体验中，从而促使了越来越多的文化遗产开始以新颖的数字技术服务方式作为开创性的服务内容。例如2019年在中国国家博物馆举办的"心灵的畅想—凡·高艺术沉浸式体验"

第五章 数字化背景下吴锦堂文化遗迹社会服务功能的基本思路和策略

展览，就是运用通过灯光、音乐、沉浸式影像、360度全景全息视频影像、VR交互体验、投射映像等多个技术手段，完美还原了凡·高的200多幅原作，重建凡·高的艺术作品，并与观众建立互动，促使参观者从一个主观的、全新的角度来思考艺术，并提供综合性服务体验的尝试。

在1500平方米的数字体验厅里，囊括了凡·高生平序厅、沉浸式主厅、星空沉浸式厅、花瓶投影厅、纪录片放映厅、凡·高卧室还原厅、互动绘画体验厅、VR体验厅、凡·高艺术衍生品商店和自拍盒子等空间。这些以新科技为支撑的艺术体验重塑了文化与人的真实体验，开创性地建构了新颖的观看体验方式和服务环境，这也正是信息时代数字服务内容的真正价值所在。

"心灵的畅想——凡·高艺术沉浸式体验"展览海报

凡·高生平序厅

星空沉浸式厅

第五章 数字化背景下吴锦堂文化遗迹社会服务功能的基本思路和策略

沉浸式主厅(一)

沉浸式主厅(二)

沉浸式主厅（三）

第五章 数字化背景下吴锦堂文化遗迹社会服务功能的基本思路和策略

花瓶投影厅(一)

花瓶投影厅（二）

第五章 数字化背景下吴锦堂文化遗迹社会服务功能的基本思路和策略

纪录片放映厅

凡·高卧室还原厅

互动绘画体验厅(一)

互动绘画体验厅(二)

第五章 数字化背景下吴锦堂文化遗迹社会服务功能的基本思路和策略

互动绘画体验厅（三）

VR 体验厅

凡·高艺术衍生品商店（一）

凡·高艺术衍生品商店（二）

第五章 数字化背景下吴锦堂文化遗迹社会服务功能的基本思路和策略

凡·高艺术衍生品商店（三）

凡·高艺术衍生品商店（四）

凡·高艺术衍生品商店（五）

第五章 数字化背景下吴锦堂文化遗迹社会服务功能的基本思路和策略

自拍盒子(一)

自拍盒子(二)

自拍盒子(三)

相关文创产品（一）

相关文创产品（二）

第五章 数字化背景下吴锦堂文化遗迹社会服务功能的基本思路和策略

（三）优化服务模式和提高服务质量

服务功能的强弱决定于服务方式与效率。那些具有新技术支撑或特色的创新型服务方式能够为民众带来更好的文化体验，带来更多的机遇、更好的口碑、更高的知名度以及更广的辐射区域，从而有效放大文化遗产的社会服务功能。例如，传统的文化遗产社会服务功能主要采用展览展示等服务方式，需要受到开放时间、服务设施等各种条件的限制和时空距离的限制，具有其局限性。当观众想近距离接触文化遗产资源时，特别是当观众需要了解某些文化遗产信息和获取文化体验时，往往会因某些客观条件限制，不能及时取得所需的信息和资料。但是，在以数字化、便捷化、个性化、碎片化、多样化为特征的数字时代，则可以突破传统文化遗产社会服务模式上的各种约束，利用图、文、声、光、电来多方位立体式地重构文化遗产资源，为观众提供便捷即时的各项服务，并且不受任何时空限制，随时随地在网上迅速获取自己所需的知识信息和场景体验。这些特点不仅在很大程度上满足了观众的文化需求，而且还提高了服务效率。

针对文化遗产服务业态新的发展趋势，必须加快传统管理方式和规章制度的改革，积极采取灵活弹性的做法开展新型服务模式，切忌局限于旧规、旧标准而无所作为，丧失新型文化遗产业态发展的先机；对专业知识服务等领域的对外开放，不能简单照搬照抄，而应具有与时俱进的思维，进一步扩大锦堂文化优质资源的开放服务程度，并鼓励社会力量适度参与，多层面推动文化遗产服务模式的创新和服务质量的提高。

抓好数字化文化遗产社会服务功能这一中心环节，要从源头上把握好正确导向，引导相关工作人员建立新时代文化遗产数字转型的思想意识，坚持以观众为中心的文化生产导向，深入实践、深入生活、深入公众，以互联网为平台，借助数字技术条件，充分利用各种媒体的服务功能，采取全方位沉浸式、全天候交互式的服务模式，将文化遗产的各项社会服务推向市场。同时，要认真研究观众的具体需求，在满足用户需求的基础上，变被动服务为主动服务,提供满足不同公众群体的个性化服务,提高服务质量和用户满意度。例如,可以通过加强吴锦堂文化遗迹的文化资源建设,将传统信息资源和网络信息资源有机地结合起来,把历史文献、照片、情境还原及其相关素材等进行数字化,并融入开放的文化遗产知识服务平台,形成与信息资源高速增长相适应的高效合理的知识服务方式,使公众通过服务平台享受智能检索等服务,主动开展定向、定题、定人的各种咨询和交流,从而提高吴锦堂文化遗迹在文化遗产知识服务方面的质量。

(四)扶植新型服务业态创新

新型文化遗产服务业是文化遗产社会服务功能的主要支撑。但是,目前新型文化遗产服务业的发展程度不高,受到体制障碍的影响较大,在相当程度上制约了其发展速度和服务产品的有效输出。作为服务业创新试点,吴锦堂文化遗迹可以从制度环境的优化,尤其是重点扶植的一些项目上"先行先试",通过适宜的策略调整与创新,突破新型文化遗产服务业发展的制度环境约束,进一步释放服务潜能,促进新型文化遗产服务向专业化、多元化和高端化的方向发展,从而增强文化遗产的社会服务功能。

科技创新是文化发展的重要引擎。当今世界,以数字技术、互联网技术为代表的信息技术迅猛发展,既为文化产业发展提供了强大动力,也为服务产业发展开辟了更为广阔的空间。吴锦堂文化遗迹要顺利实施创新驱动发展战略需要,深入实施"互联网+"行动,积极运用新兴数字技术,提升围绕锦堂文化遗产的保护、展示、信息咨询等服务内容,大力发展基于数字、网络、3D、4D、高清、多媒体、虚拟展示及激光显示等多种高新技术应用的新型服务内容,加快推出文化创意、移动多媒体、动漫游戏、知识服务等新兴文化产品,推进服务结构调整和优化升级。同时,还要加快建立健全文化与科技融合发展的体制机制,依托重点发展项目等,推进文化与科技融合发展积极实践,促进文化资源与科技创新要素的互动衔接。

从服务功能发展趋势来看,吴锦堂文化遗迹建议从多方面推动新型服务

第五章 数字化背景下吴锦堂文化遗迹社会服务功能的基本思路和策略

业态的创新：一是集成服务模式。对于同一服务品种或相互关联的服务内容，鼓励将上、中、下游各环节的服务进行打包，以集成方式组合形成公众所需的统一服务包，提升社会服务的便利度。二是要基于互联网的服务模式。我国在互联网或物联网领域与发达国家基本上是同步的，而基于这一平台支撑的模式创新可谓层出不穷，如故宫在淘宝开网店卖的许多文创产品迅速成为"爆款"，朝珠耳机、顶戴花翎防晒伞、"朕就是这样的汉子"折扇、"格格钓金龟婿"书签、"朕知道了"胶带等一系列"萌系"文创类产品让无数路人转粉，成为文青潮人们必须get的潮流单品，因此可见互联网服务模式有着巨大的发展潜力。三是要注重文化融入的服务模式。在很多服务当中尽量注入新的锦堂文化元素，以凸显服务特色，提高品牌识别度，比如可以结合慈溪市锦堂高级职业中学的汽修、轻纺两大专业优势，提供发展创意思路等。

（五）打造服务品牌

以特色高效的服务模式为支撑的服务品牌，对提升文化遗产的社会服务功能具有重大作用。根据以往实践经验，国外诸多著名的文化遗产都具有社会服务功能领域的服务品牌优势，给文化遗产带来了持久的经济与社会效应，如英国的埃夫伯里遗址、意大利的赫库兰尼姆古城遗址、美国的伊利运河等等。目前，国内一些文化遗产也开始逐步凸显其服务品牌，从近几年来我国出现"申遗热"的话题可以看出，当国内著名文化遗产申报成为世界文化遗产成功后，其品牌文化效应带来了巨大经济效益和社会效益，尤其在拉动内需、扩大就业、促进区域经济发展等方面的作用更为显著，比如丽江古城等广为人知的典型案例。

打造吴锦堂文化遗迹的社会服务品牌，重点应考虑两个方面：第一，打造整体服务品牌。对吴锦堂文化遗迹而言，要集中全力打造"锦堂文化风韵与现代科技相融、谐调生活与增值生产并重"的"锦堂服务"，充分体现文化遗产整体服务品质和特色。力争在旅游、展览、休闲、教育等传统服务的基础上，不断拓展知识服务、咨询服务等"锦堂服务"内涵，完善"锦堂服务"

的标准，利用营销手段特别是锦堂学校的校庆活动等契机，宣传"锦堂服务"品牌。

第二，策划推出服务集聚的项目品牌。例如，故宫博物院与腾讯动漫、NextIdea联合打造的《故宫回声》等主题漫画；以"古画会唱歌"为主题，鼓励中国年轻人和原创音乐人为《清明上河图》《步辇图》《洛神赋图》等十幅千年名画创作歌曲的音乐产品；以"皇帝很忙""门海""Q版韩熙载"等萌趣表情为主的QQ表情包；还原"清朝皇后冬朝服"和"十二美人图"的传统服饰等产品的手游《奇迹暖暖》，以及还原金水桥、太和门等故宫知名建筑景观的《天天爱消除》等游戏品牌；"玩转故宫""数字故宫""故宫数字文物库"以及《千里江山图》名画项目等等，不仅仅是用数字技术模拟展现文物而已，更是全面打造一个历史文物博物馆信息平台。

今后，吴锦堂文化遗迹应利用我国大力推进文化遗产社会服务建设的契机，培育一批具有地区乃至全国知名度的优秀服务品牌。

第六章　吴锦堂文化遗迹数字化保护方面的技术

数字化保护是指运用现代信息技术和数字化手段对文化遗产开展保护、仿真、复原、监测、管理等，以确保遗址或文物能够以数字化形态完整地、持久地展现、研究和利用。对吴锦堂文化遗迹进行数字化保护，首先要明确其数字化工作的几个方面，如对数字文本资源、数字图像资源、数字音频资源、数字视频资源、数字三维资源等方面的保护进行分析，然后在此基础上有针对性地提出数字化保护的技术可能。

一、数字文本资源的保护

6000年前，人类最早的文字——楔形文字在美索不达米亚、埃及、苏美尔和巴比伦等地被使用，学习文字和阅读文字早期一直是统治阶级和贵族的权力，即使后来平民百姓有了相对公平的受教育机会，认识文字仍是一件奢侈的事。十一世纪北宋毕昇发明了活字印刷术，这种技术被普及后，文字的力量逐渐显现出来，成为传播和保存信息最有效的方式。而文本即是指文字通过各种形式组合，形成一定篇幅和特殊用途，并具有说明、解释、描述等意义的信息。数字文本不难理解，即为数字化的文本，是一种最常见、处理方式最廉价的数字资源，其最大特点之一是节省空间。

吴锦堂文化遗迹以文物建筑和墓葬为实物载体，但对相关教育、历史、文化等各方面内容的记载均是以文献为基础。虽然慈溪当地保留的民国时期关于锦堂学校及吴锦堂本人的原始文献不多。但是，从与之相关的现有文献来看，文本资源还较为丰富。既有大量历史资料，也有后来学者的研究成果，均可构成吴锦堂文化遗迹的数字化文本资源。综上，大体可以分为四类：第一，历史文献资料；第二，学者的相关研究成果；第三，吴锦堂文化遗迹的遗留文字；第四，关于吴锦堂文化遗迹的遗址工作的报告。把上述文献转化成数字化文本，是对吴锦堂文化遗迹进行数字化保护工作的重要内容。目前，吴锦堂文化遗迹的相关大部分文献资源保存完好，极有利于数字文本资源采集工作。但是，吴锦堂文化遗迹的文本资源仅有少部分完成了数字化采集，仍然有大量文献需要转化成数字文本资源。因此，其主要问题不在于保护状况的好坏，而是数字文本资源采集工作的效率问题。

（一）数字化中的文本

数字化中的文本从其数字格式而言，在经历标准化的发展之后，已经变得十分成熟与稳定。各种语言都能以 ASCII、GB2312、GBK、Unicode 等文字编码标准进行表现，文字形式相对唯一和固定，文本识别技术也相对容易，自然使得数字文本的生成变得十分简单，既可以用键盘、手写输入系统等直接输入文本，也可以用 OCR 技术对纸质文本进行数字化转换。此外，数字文本在保存方面也具有优势，文件容量小，非常节省存储空间。鉴于上述数字文本的优点，故此使用它的传播力要比其他数字资源更强。例如，在互联网上打开一张高清晰的图片，其所耗费的时间可以同时下载几万字的数字文本；TXT、DOC、PDF 等格式文本可以在网页上直接打开；Word、Adobe Reader 等均是每台计算机中率先被安装的软件。

数字文本还可以作为指示性或说明性的工具。不论是说明性质的文本，还是指导性质的文件纲领，对于数字化项目都非常重要。如果数字化项目实施过程缺少文本，那么人们的工作将变得十分困难。比如：在一个数字化博物馆的网站中，虽然人们更喜欢看直观的图像和视频等多媒体资源，但是没有文本的辅助，其表现形式的传播也将会变得模棱两可。因此，数字化项目中文本的作用就像是看电影时会有对白、参观博物馆里文物时也会有相应的文字介绍，不可或缺。

（二）数字文本的特点

数字化文本具有数字化的存在形式和要素，通常以位图化文本和矢量化文本两种形式存在。位图化本是用扫描仪对书刊等进行扫描后，从图像中得到的文本；这类文本实质上是图像，其构成是由成千上万的像素聚合而成的。矢量化文本是由数学方程计算形成，可以被反复应用，并支持格式使用的文本；它主要依靠 Word 等文本处理软件完成输入，是真正意义上的数字化文本形式。在使用看图软件放大两种文本的时候，位图化文本随着放大的比例变得越发模糊不清，如在 Photoshop 软件里把文本放大到原来的 1600% 时，看到的文本只是黑色、灰色与白色组成的小方块，这些方块即是像素；而矢量化文本在 Adobe Illustrator 等软件里放大，文本的边缘依然清晰可见。

矢量化文本的形式包括数字文本格式和段落格式。目前，市场上有许多功能强大的排版软件对这些形式有着十分细致的编排，利用软件能够制作出各式各样的文本效果。此外，矢量化文本还可以进行数字化搜索，为使用者在浩瀚的信息资料中快速找到想要的文本内容提供便利，基于互联网技术的迅猛发展，文本搜索为文化的传播起到了巨大作用。

矢量化文本还具有文件占用存储空间较小的特点。现以 TXT 文件保存文本为例，1 个英文字符即 1 个字节（Byte）等于一个 8 位（Bit）的数据，一个全角汉字等于 2 个字节，1024 个字节等于 1K，1024K 等于 1M，以此类推。如果文本以设计软件或矢量化电子书的格式存放，那么除自身容量外，格式与注释也会占用一定容量。因此，同样的文本内容相比，DOCX 文件要比 TXT 文件大。位图化文本的优势主要在于可以原汁原叶地保存文字字体、书法、行书版式等文本原貌，对于古人亲笔写下的古籍或书法作品来说，这种文本形式则显得尤为重要。但是，位图化文本远比矢量化文本大，占用空间大；

在真彩色位图中，一个像素就占用一个24位的字节，对于没有进行压缩的TIFF或BMP文件，1000×1000像素的位图文本可以达到几兆至几十兆，给存储数字文件的机构带来了巨大的存储压力。目前，常用的网络带宽并不适合打开大量的几百兆图像文件。因此，位图化文本常常需要进行压缩或降低分辨率处理。总之，矢量化文本与位图化文本各有优劣，实际应用过程中可以依据需求和特点，相互搭配使用。

（三）数字文本资源的采集与处理

数字文本资源的采集相对其他资源的采集较为简单，文本位图化是文本数字化的第一步，可以依据需要与否进行OCR识别，生成矢量文本。从国外博物馆、图书馆、美术馆等文化机构的文本数字化经验来看，OCR识别已成为文本数字化过程中的必要环节。我国图书馆由于早期OCR技术对中文识别度比较低的原因，并未全部进行OCR识别，故此人工校对的工作量相当于重新录入。但是，对于名家手稿、书法作品、艺术家口述等的文本矢量化，人工录入仍是唯一的方法。文本位图化主要是借助于数码相机与扫描仪，将文物转换成图像，其采集模式与图像采集原理完全一致，只是为了节省存储空间。位图文本一般会以灰阶图的较低分辨率存储，通常这样设置也有益于OCR的识别。此外，文本采集还可以通过调研、采访、录音等方法取得第一手资料，而后整理口述资料或撰写文稿，此方法较适合于记录与描述非物质文化遗产资源。

OCR（Optical Character Recognition）技术又称"光学字符识别技术"，指一种将图形字符通过电子设备扫描输入，再通过程序检测图形，最后与数据库进行比照后转换成矢量文本的技术。从位图文本到矢量文本，OCR技术须经过影像输入、影像前处理、文字特征抽取、比对识别，最后经人工校正将认错的文字更正，并将结果存储。全世界开展较早的国家是日本和美国，早在20世纪六七十年代就已经开展相关研究，主要运用的领域包括邮政、政府行政等。目前，OCR技术已经广泛应用于多个领域，既包括金融、财务管理这样的经济领域，也包括手机、笔记本电脑输入等生活、生产领域，尤其在文献档案管理方面，OCR技术更是大显身手。由于拉丁文字母形式简单，且数量不多，以拉丁字母为输入基础的OCR技术如今已经到了炉火纯青的地步，为文本输入、转换与保存带来了极高的工作效率。反之，OCR技术对版权造成了冲击，纸质书的电子版本被不断非法地上传到网上，使得作者的著作权得不到保护。[①]

二、数字图像资源的保护

数字图像是数字化保护的重要内容和手段。不论是文物管理层面的需要，还是专家基于对吴锦堂文化遗迹研究的需求，亦或是游客参观留念，吴锦堂文化遗迹通过各种方式均保留了大量数字图像资源。

吴锦堂文化遗迹数字图像资源按内容来划分，大致分为以下四类：第一类是以数字图像格式存在的文本资源，如以图像格式保存的锦堂学校旧址早期照片；第二类是题刻、碑刻的文字拓片照片，以及风化程度较为严重的石刻照片；第三类是主要遗迹的照片；第四类是自然景观和相关环境照片，如白洋湖风光等等。

（一）数字化中的图像

图像是性价比最高的数字资源，输入方便且表达直观，相比文本优势明显，被大量应用于文化遗产档案资料的保存。近几十年，随着图像技术的愈加成熟，文化遗产保护有90%以上的内容被数字化转为图像形式进行了保存。此外，图像的适用范围非常广泛，适合表现任意一种物质的或非物质的文化遗产。不管是令人震撼的自然遗产，还是历史厚重的文化遗产中物质或非物质文化遗产，都可以使用图像形式表示。

数字图像是二维图像用有限数字值像素的表示，由"模拟图像数字化得

---

① 郑巨欣，陈峰. 文化遗产保护的数字化展示与传播[M]. 学苑出版社，2011年.

到的、以像素为基本元素的、可以用数字计算机或数字电路储存和处理的图像，由数组或矩阵表示，其光照位置和强度都是离散的，故又称数码图像或数位图像"[1]。像素是数字图像的基本单元，比较流行的图像格式主要有光栅图像格式 BMP、PNG、GIF、JPG、JPEC 等，以及矢量图像格式 WMF、SVC 等。[2] 在各类电子书、网页及多媒体中，图像比文本更生动形象，其使用量也非常大。

（二）数字图像的特点

数字图像与普通的光学照片、绘画不同，具有自己的数字特性。数字化的文化遗产中，图像功能以说明为主，就像文体中的说明文字一样。首先，图像要最大可能清晰、真实地表现文化遗产；其次，图像要有视觉效果，即构图需要美观，能给人留下深刻印象。

像素大小是数字图像最重要的属性之一。通常数字图像以点（像素）的多少计算，如家用数码相机的 CCD 是 1200 万像素，可以拍摄 3000×4000 像素的照片。像素其实是一个正方形的色块，由千千万万的色块拼合，即形成了位图。对同一物体进行同等构图的拍摄，像素越多图像越精细。像素在每个图像载体上的大小并不一样，但它们均须满足一个最基本的要求，即在正常距离观看时，人的眼睛无法轻易地分辨出拼合色块，而是能看到一幅完整的图像。分辨率是描述图像像素大小的一个重要概念，图像输入分辨率的单位为 PPI，即像素 / 英寸；图像输出分辨率的单位为 DPI，即点 / 英寸。前者描述的是使用数码相机或扫描仪采集时的图像精细度，后者则是使用打印机或印刷设备输出时的图像精细度。在两者之间，还有一个特殊的设备显示器，最佳像素的大小相对比较固定，比如早期的 15 英寸 CRT 显示器以 800×600 像素显示为最优（尽管也有 1024×768 的显示方式），17 英寸 CRT 显示器以 1024×768 像素显示为最优等。根据 15 英寸显示器的显示推算，800×600

---

[1] 王华夏．高速铁路隧道衬砌裂缝图像快速采集系统研究 [D]．西安：西安交通大学，2013．

[2] 百度百科：数字图像。

第六章 吴铙堂文化遗迹数字化保护方面的技术

像素的分辨率接近72PPI；目前，市场上虽然LED显示器像素大小更加接近96PPI，但是，我们通常仍以72PPI来描述显示的通用分辨率。72PPI和96PPI的区别只在于使用软件进行1∶1预览时，显示大小与实际大小不一样，并不影响显示器的使用。

颜色也是数字图像重要的属性之一。颜色是物体对光波的反应，如果物体把白光中的其他光都吸收而唯独不吸收红光，那么红色光波就被物体反射到我们的眼睛之中，我们的眼睛接收到这种光后把光的信息传送到大脑，大脑对这种光的信息与语言中的"红"联系一起，我们也就看到了红色的物体。在数字世界中，为了更好地把色彩定量化，图形学家们建立了很多色彩模型来描述颜色。常用的数字图像的色彩模型有四种：LAB模型、RGB模型、CMYK模型和HSV模型。

LAB模型主要用明度（L）、红-绿（A）、蓝-黄（B）三个元素构成。该模式的优点在于所表示的色域极宽，已经和自然界中的光谱十分接近，而且LAB模型的颜色分布十分均匀。

RGB模式主要由光的三原色红（R）、绿（G）、蓝（B）构成。它是一种光源色的混合色彩模式，属于加色混合，即三种光越亮，混合在一起时的颜色也越亮。RGB模型常用来模拟光显示设备所显示的颜色，包括显示器、数码相机的LED取景器等等，所能表现的色彩范围小于LAB，并且有绿色分布过多的缺点。

CMYK与RGB正好相反，是一种减色模型，其中CMY分别代表青、洋红、黄。由于CMYK主要是被用来表示印刷或打印中油墨的数量，故此青、洋红、黄三色的成分越多，颜色就越趋向黑色，成分越少，就越趋向白色。该模型比RGB的范围更小，原因是受提炼油墨的天然成分限制，使印刷上的红色一般没有显示器上的红色鲜艳。

HSV色彩模型是由CIE三维颜色空间演变而来的，它通常采用用户直观色彩的描述方法，与孟塞尔显色系统的HVC球型色立体较接近。用户直观色彩的描述方法，是色相（H）、饱和度（S）、明度（V）等均能被人的经验感觉。该模型其实不是一个色彩的构成模型，而是人为对色彩理解后形成的模型，其优势在于调色十分便于控制。

图像的格式是数字化图像一个关键要素。如果只是简单地保存图像，那么就是用 0 和 1 记录图像的每个像素，而后通过一定方法封装，再打开文件时，使用一定的接口将看图软件解码成图像，形成位图文件。BMP 文件采用了位映射存储格式，除了图像深度可选外，不使用任何压缩，可以最大化地保存图像信息。BMP 文件是 Windows 系统的一种标准化文件，系统中的图形图像软件都支持这种格式。但是，BMP 的文件非常大，相当浪费存储空间，占用网络带宽，压缩的概念也即是基于上述原因。

位图压缩有两种方式：有损压缩和无损压缩。有损压缩的原理是通过减少图像中的细节像素换取储存空间，而减少的细节像素则被周边像素替代。根据各种压缩算法的不同，细节被忽略或减少的程度、范围都有所不同，每种有损压缩格式是基于相应的算法格式。有损压缩的特点是压缩率越大，图像文件越小，图像质量也就越差；反之，压缩率越小，图像文件大，图像质量也就越好。

常见的 JPEG（JointPhotographie Experts Group）格式正是一种有损的压缩格式，其图像文件后常缀名"jpg""jpe"或"jpeg"。JPEG 格式虽然属于有损压缩，但是，其算法十分先进。在比较低的压缩等级下，它可以节省下大量空间，而人们用肉眼是几乎看不到缺失的细节。JPEG 的有损压缩还具有良好的可操控性，如在 Pholoshop 中被分为 12 个等级进行控制，而在其他软件中，则是 0~100% 来控制压缩质量与文件大小的。鉴于上述特点，JPEG 格式的运用领域非常广泛，尤其适用于需要控制带宽的网络平台和控制容量大小的多媒体光盘平台。目前，原始图像数据采集都以这种格式完成存储。

然而，有损压缩不可避免地对图像的质量会造成一定程度损失，打印或印刷大幅图像作品时，这些损失细节就会清楚显现出来。如果有损压缩格式的图像被用于动态素材，那么立刻会有细部不连贯的感受。因此，在印刷与动态影像领域，无损压缩的格式使用得更为广泛。

无损压缩的基本原理是同种颜色的像素信息只需保存一次，而后记录下这些颜色像素的地址，读取位图时再把这些信息还原。如果图像的细节很少，那么无损压缩可以取得很高的压缩比例；如果位图中细节十分丰富，那么无损压缩可能节省不了多少空间。另外，由于图像只是在存储阶段被压缩，那么一旦使用，图像信息又会被还原。因此，在编辑无损压缩图像时，系统的资源是不会被节省的，并且压缩与还原都需要通过一定时间计算，打开与保存无损压缩图像的速度都会比较慢。无损压缩格式很多，如TIFF格式被广泛运用在印刷领域，PNG格式则被广泛应用在动态影像处理领域。

其中，TIFF（Tag Image File Format）格式，又叫标签图像文件格式，是由Aldus和Microsoft公司为桌上出版系统研制开发的一种图像文件格式。TIFF格式的技术标准十分复杂，功能也十分强大，可以支持多种编码方法，包括无压缩、ZIP压缩、IZW压缩及JPEG压缩等。同时，它也支持图层信息与透明通道的信息，并可以对其进行压缩。目前，TIFF是最好的印刷格式之一，很多印刷机的印刷工作不支持读取JPEG格式。

PNG（Portable Network Graph-ics）格式，即可移植性网络图像，是另一种常见的无损压缩格式。这种格式也有较好的计算方法，支持透明通道，在网络上已经逐步取代了GIF格式。但是，由于PNG格式还支持24位和48位真彩色图像，所以在视频编辑领域，又逐步取代了早期的Targa格式。PNG的格式功能十分实用，没有TIFF格式复杂，现已成为图像设计师最常用的格式。

值得一提的RAW格式，相比JPG格式要大很多，使用单反相机的时候会常常遇到。但是，这种格式不像BMP样的无压缩图像格式，而是封装了使用相机摄影时包括快门、光圈、ISO值、白平衡等全部信息数据的集合。当使用专门软件打开时，我们可以进行第二次拍摄，即对快门、光圈、1sO值、白平衡等信息进行手工调节。RAW不是这种文件的唯一后缀扩展名，它会因相机品牌的不同而不同，比如尼康（Nikon）使用 NEF 格式，哈苏 Haslbad 使用 DNG 格式。虽然标准有所不同，但这些格式目前都可以被 Photoshop 支持。RAW 对文化遗产图像资源的采集十分重要，尤其在摄影环境复杂，摄影者技术又不佳时，使用 RAW 格式保存，可以通过后期调节而获得最佳效果。

（三）数字图像资源的采集与处理

图像的采集主要使用数码照相机和扫描仪两种设备。前者用于直接拍摄真实场景，后者则主要用于对非数字图像的数字化工作，两者各有优劣，适用于不同情况。数码相机与传统相机相比，虽然同样是记录现实场景的摄影设备，但数码相机最后获得的是数字图像。经过几十年的发展，数码相机已经完全取代了传统相机，而其低成本、低污染、操作方便、修改灵活、可复制、高兼容性等许多特点，使得今天不论在家用领域、商业领域还是专业领域都占据了绝对的地位。对于文化遗产图像的数字化记录来说更是如此，数码相机的成果直接是以数字格式体现的，而传统相机不仅需要大费周折冲印，还要由扫描仪将图像转成数字文件。

影响数码相机成像质量的因素主要是数字传感器、镜头、数字信号处理器等几个硬件。除此之外，还有几个外观上的或辅助拍摄的构件。这些硬件直接决定了相机在功能上的表现，最重要的是分辨率、相当感光度和测光方式（主要由数字传感器决定），快门、光圈和光学变焦倍数（主要由镜头决定），白平衡、色彩控制与存储格式（主要由数字信号处理器决定），还有镜头或数字传感器共同完成的对焦功能、数字传感器与相机缓存支持下的连摄功能等内容。

目前，还有许多品牌相机还推出了自己研制的防抖技术，主要包括佳能、尼康的镜头防抖技术（IS、VR），柯尼卡美能达、富士、奥林巴斯等的传感器防抖技术（AS、SR），均可有效防止光线不足、快门较慢时手持拍摄所产生的抖动。数码相机通常可以分为家用型的小型数码相机、入门级的单镜头反光

第六章 吴镕堂文化遗迹数字化保护方面的技术

数码相机的主要性能指标

分辨率	越高成像越精细
相当感光度	越高越能在光线条件不佳的情况下拍摄
测光方式	多种测光方式可以适应不同环境下的光线，最佳的测光方式可能需要使用测光表单独测光
快门	越快进光量越少
光圈	广角可以拍摄更大范围，长焦可以捕捉细节
变焦	广角可以拍摄更大范围，长焦可以捕捉细节
白平衡	在不同颜色光源下保持正色
色彩控制	色彩深度与准度控制
存储格式	RAW 格式、JPEG 格式的精度

相机（Digital Single Lens Reflex，D-SLR）、专业相机和特殊用途的专用相机等。其中，小数码相机功能较少，但轻巧而携带方便，比如松下的 ZS-7；入门级的单镜头反光相机性价比高，可以应付大部分拍摄情况，如尼康 D-7000；专业相机价格很高，但功能与拍摄效果十分出众，是专业影楼与摄影家的专业装备，比如哈苏 H4D-31 价格已超 10 万元。此外，还有一种与数码相机关系十分密切的设备数码后背，又称数码机背。它应属一种数码相机的辅助设备，配合中高端的相机后，可以生成原相机像素几倍的数字图像。数码机背是一种十分重要的高分辨率数字化设备，对于文化遗产数字化工作尤为重要。

现在，越来越多的新型图像采集工具或辅助采集工具被运用到图像数字化采集工作中。GigaPan 就是一种将相机连续转动拍摄拼接的小幅照片，并最后可以合并成超大幅图像的设备。类似装置如浙江大学和敦煌学院研发的由支架相机、照明设备等组成的壁画数字化专用采集平台，可以拍摄得到 5 亿至 10 亿像素图像，同时由于这种装置没有使得相机转动，不需要畸变处理，镜头校正、拼接处理的误差分别仅为 1 个像素与 5 个像素，保证了高精度、高保真度。①

另一种常见的数字图像采集工具扫描仪也非常重要，虽然只能采集扁平物体的图像，工作范围远远小于数码相机，但却有其自身优势。比如：不容易产生畸形；以高分辨单采集小图像；在封闭环境中的色彩更准确。目前，在文化遗产保护工作中，大量古文献、图书、书画的图像仍然需要使用扫描仪做采集工具。

三、数字音频资源的保护

声音是一种动态资源，拥有空间以外的第四维度因素—时间。在通过音，数字化录音和后期制作后就形成了数字化音频，也就是说音频是数字化的声即是以数字来表示音频。采样频率和采样深度是用来表示音频逼真性的两个技术指标。播放数字音频的平台极为丰富，CD、VCD等日常家电均为较专业的音频载体采样频率与采样深度较高。在数字化时代，越来越多的数字音频存在于PC、iPad以及手机等移动终端，可以通过相关软件便捷地打开它们。

虽然数字音频的表达能力有限，但在声乐类的非物质文化数字保护方面却有独特优势。比如，对于戏曲艺术而言，声音是核心元素。采访式和排练式是采集音频的两种主要方式，相比之下，前者对录音设备的要求较低，较为随机、随意；后者则对录音设备要求相对较高，通常是精心安排后进行的。录音工具主要包括录音笔、手机以及录音棚等，不同的音频要求选择的录音工具不同。数字音频固然是开展文化遗产数字化保护的重要资源之一，但由于吴锦堂文化遗迹非物质文化遗产中，与音乐、声音相关的内容并不突出，故此吴锦堂文化遗迹的音频数据也极少。

（一）数字化中的音频

声音是由于空气中的物体受到外力作用下振动产生声波，声波通过媒介

---

① 潘云鹤，鲁东明．古代敦煌壁画的数字化保护与修复[J]．系统仿真学报，2003（15）．

向四周扩散，传播到人的耳膜时，耳膜也随之发生了这种振动，与耳膜相连的神经就把这个振动信息传递给大脑，由大脑解释这种振动成为声音。声波在空气中的速度是 340 米 / 秒，并有所谓的衍射现象。声波的两个属性是幅度和频率，对于声音即是声音的大小和声调的高低，单位分别是 dB 和 Hz。虽然很多动物可以感觉到的声波范围比人类要大得多。但是，人类的耳朵仍然可以说是人体上最灵敏的器官，人类的耳朵不仅可以听到低于 220MHz 的声音，而且能够分辨差别细微的声音。比如，在交响乐演奏的时候，指挥家、演奏家、作曲家或资深听众都能清晰地分辨每一种乐器单独声部的演奏。声音不像图形图像一样具有实在的立体维度，却是最能激发人们美感和艺术感的元素。在绘画、文学、音乐、电影等各种艺术中，音乐最为抽象，使用恰当能够轻易地让人身心愉悦。因此，在诗歌朗诵表演时，配上合适的背景音乐，可以很快使听众进入某种场景中。当然，声音不仅仅表现为音乐，还有自然声、人物对话以及噪声等等。正确使用声音，不仅可以加强数字化作品的真实感，还可以延伸画面的纵深感。更为重要的是，对于非物质文化遗产中的戏曲艺术，即使将声音独立出来，人们仍能体味到原汁原味的艺术，通过数字化技术完整保存下来的，更可以达到广泛传播的目的。

数字音频的平台十分丰富，CD、SACD 以及音频 DVD、音频 BD 等均是很专业的音频载体，声音录制通常注重高保真，采样频率与采样深度也非常高。使用专门的功放器材和音响设备可以得到临场感很高的声音。丰富的数字音频以文件形式存于个人电脑的硬盘或服务器的硬盘上，使用时可以非常便利地使用电脑软件点击打开。

（二）数字音频的特点

音频的表达能力虽然有限，但音频却是五种数字资源中唯一的听觉资源。它既有自己独特的表现方式，又可以辅助其他资源，使其他资源变得更具感染力。

音频具有听觉性和高保真性两个较为突出的特点。由于大部分数字资源都是以视觉形式展现，故此音频可以让人产生不同的感受，并且听觉资源的立体性也比视觉要强得多。一般来说，按产生方式，声音可以分为自然音响和人声两种形式。音频的运用十分灵活，它可以同各种视觉资源有效组合起来。

音频的高保真（High Fidelity，Hi-Fi），即音频设备对声音最大限度逼真地采集与播放。在词典定义中，高保真是专门用于形容音频的词汇。如要保持音频的高保真，不仅录制设备复杂而昂贵，而且播放音响也价格昂贵。人们对声音的高保真远远胜过对于视频或图像视觉效果的追求，其根本原因就在于声音的魅力所在。此外，音频被广泛使用的原因，在于普通音频的录制成本低廉、方便高效、文件容量也较小。在文化遗产数字化保护中，需要高保真的音频并不多，大多是与音乐相关的戏曲、歌剧等，加之高保真的音频处理十分复杂，且相当部分的音频是与其他资源配合下使用，故普通音频的使用率则比较高。比如纪录片中专家或艺人的访谈，录制这部分音频相对简单得多。

（三）数字音频资源的采集与处理

数字音频采集分为两种情况：一种是采访式的音频采集，一种是排演式的音频采集。两者的区别在于后者一般是有准备而特意排演的音频采集，音频采集点也事先做过安排，或在专门的录音棚内完成；而前者比较随机，主要是以田野调查中进行的音频采集居多。

采访式的音频采集对采集设备要求比较低，一般普通的录音笔或者使用手机的录音功能就可以完成工作。采集的音频主要用于转制文本或纪录片中引用等。排演式的音频采集对设备要求很高，对于实地采集音频的，需要预先在场地的周围布置好收音器，在采集过程中还需要使用混音器来进行各声道声音增益的控制。如果是舞台采集，那么通常舞台会预留收音器的位置，并有录音室可供音频师使用；对于户外演出、仪式等情况下的音频采集，除

第六章 吴锦堂文化遗迹数字化保护方面的技术

需预先做好摆放收音器框架，还要做好音频线的布置方案。相对而言，录音棚的音频采集就比较方便，但租用费用会比较高。因此，音频采集工作要先确定音频最终使用场合，再确定采用何种设备进行音频录制。

四、数字视频资源的保护

视频资源与数字图像资源的现状保护情况相近，资源丰富，精确性和准确性不够。过去一段时期内，随着宁波市委市政府和慈溪区委区政府对文化遗产保护工作的不断重视，拍摄了一些如《走进吴锦堂》、《宁波勤廉故事少年说：获富东瀛造福桑梓—吴锦堂》等与锦堂文化相关的历史纪录片和文化介绍片，积累了一定数量的视频数据，为吴锦堂文化遗迹数字化展示提供了重要资料来源。

（一）数字化中的视频

影像有静态和动态两种形态，图像为静态影像，视频属于动态影像。将动态影像以一定的方法保存下来，就形成了视频。视频与动画片不同，视频属于一种技术概念，可以包括动画片、电影、电视等；动画片属于一个艺术风格上的概念，是相对于故事片、纪录片而言的。目前，数字化视频优势明显，处理高效，成本廉价，"视频"也已成为数字化视频的代名词。

根据形成原理不同，视频可以分为模拟信号视频和数字信号视频。模拟信号视频是通过电子学的方法来记录和显示动态影像的，如早期的电视机均是采用模拟信号视频。数字信号视频是以计算机图形学为基础，采用数字方式来记录处理与显示动态影像的视频，可以将其看作是多张（帧）连续数字图像。目前，虽然我们生活中的大部分显示设备均使用数字信号视频。但是，模拟信号视频仍然广泛使用于很多中小电视台的视频处理设备中。这些模拟信号最终会以 AVD 形势转换成数字信号视频后加以处理或显示。另外，以模拟信号记录的摄影机也没有完全淘汰，仍然可以使用采集工具将磁带上录制的模拟信号视频转换为数字信号视频。目前，我国正处在数字电视的初级发展时期，边远地区的视频仍然采用模拟信号，因此还需通关 D/A 的转换方法，将数字方法记录或处理的视频转换为模拟信号，以供当地居民收看。

根据内容来源不同，视频可以分为摄制视频与绘制视频。前者是基于现实场景，使用摄像机等视频记录设备拍摄得到的视频；后者是以虚拟场景为主，通过计算机软件生成的视频，也称之计算机动画。全部视频均是由此两种视频单独构成或组合而成，比如纪录片或故事片等全为摄制视频，3D 动画片则全为绘制视频，广告、电视节目等视频通常由两者组合而成。

视频有几个重要属性，其中画面大小、颜色与静态图像的大小、颜色属性类似。一般情况下，数字视频以像素来计算画幅，依据颜色系统可以分为两类：RGB 颜色系统和 YUV 颜色系统。视频还有其他一些特有属性，比如帧率、码率和像素比等等，相对视频而言，也具有非常重要的作用。具体内容如下表：

视频格式中的几个重要属性

帧率	描述每秒钟有多少静帧图像，主要有电影 24 帧，电视 PAL 制式的 25 帧和 NTSC 制式的 29.97 帧等
码率	是文件大小与时间的比率，越高视频越清晰。
像素比	每个像素的长宽比。它和像素量，包括水平与垂直向像素数量，一起决定了最后面面的比率。

（二）数字视频的特点

视频信息量非常大，随着镜头的移动，或群峰叠峦尽现无余，或建筑构造巨细无遗；很多千言万语都表达不清楚的场景，可以通过视频轻易展现出来。视频与静态图像的最大区别是，视频可以记录一个连续的过程或连续的工作流程，而静态图像仅可以记录物质形态的文化遗产、文物或其他场景，对于像工艺过程、戏曲、风俗等大部分非物质文化遗产的记录就力不

第六章 吴锦堂文化遗迹数字化保护方面的技术

从心。

此外，视频可以记录真实的场景，其真实度不容易被仿制，相比其他形式的资源更具有说服力，而且通过剪辑或创作，视频还具有强大的艺术表现力，最典型的代表形式就是电影。此外，视频通过封装后还具有一定的交互能力，比如章节的跳跃、画中画等功能，甚至可以制作一些简单的游戏。以前，视频播放平台较少，价格昂贵且显示质量不高，如电视机等产品在我国20世纪80年代初还是一件奢侈品。经过近20年的发展，视频显示设备从模拟到电子，从阴极射线管（CRT）到液晶显示（LCD、LED），更新换代可谓十分迅速，并且成本不断下降，视频显示平台不再昂贵。目前，城市的角角落落充满了各种视频显示平台，视频也随处可见。主要显示设备如电视、个人计算机、PDA、移动电话、娱乐设备（iPad、MP4等）、公共电子屏、亭显示设备（Kiosk）等等。

在文化遗产中，视频是一种十分重要的数字化保护与传播资源，特别是非物质文化遗产中存在的大量过程性遗产。以传统祭祀活动为例，如采用文本记录描述，则需要作者不仅具有深厚的文字功底，还需要读者具有一定的文化底蕴和理解能力，即便如此，活动中的某些司祭动作及众人神态等也很难以描述；如采用图像记录，则对于某些动态动作也难以一目了然；如采用音频记录声音，并配以解说者的解说，则需要听众具有一定的想象能力，但同样的事物，不同的人会有不同的想象，难免缺乏一致性；如采用视频完成记录，则会清楚地、栩栩如生地展现这一动态过程，加之多个角度的拍摄，还可以弥补局部细节。

虽然视频具有强大的自身优势，但单凭视频一种资源也无法全面呈现，而是需要与其他数字资源合作，才能更好地展现文化遗产。通常情况下，单独的音频封装格式很常见，而单独不带音频的视频却比较少见，而多是视频与音频结合一起，综合分析主要原因有：第一，人们往往听到声音，就可以想象产生声音的画面，但如果仅看到某人说话，却很难判断所说内容，除非能够读懂说话的唇形。第二，人的耳朵要比眼睛灵敏很多，经过训练的指挥家可以分清交响乐中每个乐手演奏的每个音,但参考物不同,眼睛时常会出现错觉,如人们会因参照物不同会把两段同样长度的线段认为是不相等的。第三,从习惯上讲,人们可以接受广播一样的音频形式,但不习惯配有字幕的视频,电影历史上曾出现过有画面无配音的默片时期,但录音技术成熟后,就极少有专门为了艺术效果而创作的默片了。因此,我们所说的视频片段也好,故事片、纪录片、动画片的视频也好,往往都是有音频伴随的。此外,在视频中文本的作用也十分重要,如纪录片中解说员的旁白便是文本。文本以其独有的方式解读画面,不仅可以让人们更明白视频内容,还能使视频增添很多趣味。由于地方方言关系,文本的翻译更有必要出现,比如不少民间艺人的普通话发音不标准,配上相应的字幕既可以让人们了解视频内容,也可以保留原汁原味的地方语言特色。进入信息化时代,视频和音频通常合二为一,其信息量大、能够动态记录真实场景及过程的等优点突显,成为开展物质和非物质文化遗产保护工作的重要记录方式之一。

(三)数字视频资源的采集与处理

数据摄像机是采集视频的主要工具。拍摄完成后,通常要对视频进行处理,主要包括视频的编辑、合成和压缩。视频格式较为复杂,常见的格式有 MPEG-2(在 DVD 和 BD 中播放)、MPEC-4(MPEG-2 的升级版,质量更好)、WMV(Windows 自带的一种格式)、RM(文件小而质量高,但高清视频较少用它)、AVI(目前主流的视频编码格式)、MOV(苹果公司的视频格式,质量好,但通用性低)。文化遗产数字化保护过程中的视频资源大部分经过制作,较少直接使用原始数字视频资源,纪录片、电视节目和动画片是最常见的影片形式。①

视频的处理主要包括三种:编辑、合成和压缩。编辑又称为剪辑,即是对视频片段进行一定顺序的连接与场景的转换,并同步音频;合成是指将两段或两段以上不同的视频组合在一起,或是将一些静态图像置入视频里等,最

---

① 郑巨峰,陈峰文化遗产保护的数字化展示与传播[M]. 北京:学苑出版社,2011: 8-.92.

常用的技术有抠像（Kering）和跟踪（Capture）；压缩则是为了处理完成后的视频进行下一步格式的保存而做的渲染过程。

视频的各种格式是画面压缩的不同算法。如果视频以一张张静态图像来保存，那么文件不仅会变得非常大，而且对系统的播放要求也很高。但事实上，视频前后两张图像往往大部分面积都是一致的，只是主体不一样，因此，播放视频时只需计算运动部分，而将不变部分保留使用前一帧即可产生压缩。当然，各种格式的计算方法都不一样，压缩效果也可自行设置，最主要的是需要以码率这个属性进行控制。

常见的视频格式

MPEG-2	较常见也较早的一种格式，在DVD和大部分BD中的视频即是MPEG-2。优点是通用性很强。
MPEG-4	较新的一种格式，在原来MPEG-2的基础上做了较大的优化，质量更好，一部分BD采集这种格式，不少移动视频也使用它。
WMV	Windows自带的一种格式，网络流媒体上使用得很多，但不被播放设备支持。
RM	RealMedia公司的格式，优势是文件小而质量高，但高清视频一般不使用这种格式。网络及移动设备上使用得较多。
AVI	这是一种封装格式，真正的视频编码格式在AVI下还有许多细分，最出色的是DivX和XiD，是目前主流的视频编码格式。
MOV	苹果公司的视频格式，影像质量非常好，但通用性略低一些。

数字视频的处理软件从平民级的免费软件、用于入门级图形工作站的中级软件，以及到仅能用于sGI工作站上的价值百万美元的软件，产品线非常丰富。Adobe公司的后期软件平台要求低，产品线包括了Premie和ArfFfeets等完整的剪辑与合成软件，索尼公司也有Vegas Pro等入门级剪辑软件，适用于中小型制作工作室。此外，Avid、Canopus Edius、Eyeon Generation、EDITMAX、Final Cut Studio等软件相对比较专业，适合公司或电视台使用。在电影制作或大型电视台中，一般会选择应用于SGI工作站十分昂贵的软件，

比如 Inferno、Flame、Smoke、Fire、Flint 等等。

五、三维数字资源的保护

　　三维数字资源是相对于二维数字资源而言的。二维资源即平面资源，而三维资源是某物体在立体空间中的一系列平面的集合，并且包括其材质等要素。在文化遗产保护与展示中，三维数字资源应用广泛，对象不仅可以是可移动文物，也可以是不可移动文物。同时，三维数字资源在非沉浸式虚拟漫游以及文物展示上的运用也非常成熟。前者对应三维场景，操作者可以在场景里自行前进或倒退，如置身于现场；后者对应三维物体，操作者可以对三维物体进行360度的旋转。此外，三维数字资源还是增强现实与沉浸式虚拟现实的基础。例如，数字故宫、数字敦煌、数字罗马、数字米开朗琪罗等项目，均是以三维数字资源为基础的。

　　近年来，在信息化、数字化技术迅速发展的背景下，对文化遗产进行数字化保护已经开始兴起并逐渐成为潮流。然而，吴锦堂文化遗迹中除锦堂学校旧址外，其他文物遗迹均尚未进行系统的三维数据采集。因此，尽快开展吴锦堂文化遗迹三维数据资源的采集工作，不仅对其今后数字化展示和保护具有十分重要的意义，也是激活可持续发展内生力的重要前提。

吴锦堂文化遗迹数字资源保护现状一览表

数字资源	吴锦堂文化遗迹保护现状
数字文字	已开展工作不多，但保存较好
数字图像	重要场景有照片（如锦堂学校历史照片），但图片有效性不足
数字音频	音频数据极少，难以也无需对其保护状态进行评估
数字视频	视频数量及有效性不足
三维数据	没有三维数据，大部分重要遗产都要采集三维数据

（一）数字化中的三维资源

相比之下，三维数字资源的建立远比数字图象和数字音视频复杂，且建立方式也多于其他数字资源，主要有经典CAD建模、激光扫描、基于图像建模（IBM）和基于光线建模等等。其中，最常用的是三维激光扫描、基于图像建模和基于光线建模三种采集方法。对于文化遗产的保护与展示而言，虽然三维数字化记录的成本较高，但其成效和优势也是显而易见的。国内外大部分优秀文化遗产的数字化保护项目都是基于三维对象的大型项目，比如国内的数字故宫、数字敦煌，国外的数字米开朗琪罗、数字罗马等等，一直以来在高端的保护与展示上占有十分重要的地位。

文化遗产三维数字化文件是目前最好的档案记录形式之一。虽然图像与视频也可以记录一种实物，但是都没有三维物本直观生动。三维对象就像真实存在的实物，放在特殊的软件里可以任意角度观看，并且还可以根据需要渲染成图像或动画视频片段。三维模型的制作技术现已非常成熟，通常相似度可以达到原物的95%以上，而专供研究使用的三维模型，精度更高，完全可以以假乱真。目前，专业储存文化遗产三维数字化资料的数据库内，保存着大量优秀的三维数字化模型，均已成为我国不可多得的数字文化遗产，为数字中国建设提供了大量的珍贵资源。

文化遗产三维数字化文件是文物修复与遗迹复原的先进手段之一。我国是文物大国，虽然文物复原技术位于世界前列，但是类型和数量较多，仍有大量文物需要复原与拼合。通过三维图形学的计算方法推算文物的缺失部分或拼接破损残片，不仅可以为考古工作者和博物馆修复人员提供很大便利，也可以让人们欣赏到复原后的文化遗产或文物古迹。

（二）数字三维资源的特点

三维对象是立体空间中一系列面的集合体，往往还包括了物体的材质、纹理、场景中必要的光线以及构图使用的摄像机。相比二维平面图像，三维对象更加形象生动、真实，有利于人们对物体的理解，因此，在文化遗产保护与展示工作中，三维数字化被越来越广泛地应用起来。三维对象不仅可以是文化遗产，还可以是自然遗产，比如像约塞米特（Yosemite）大峡谷类型的巨型自然遗产，同样能够通过先进方法记录形成三维数字化文件，以供使用。但是，由于三维数字资源相对于其他数字资源的获得成本较高，所以我国初期仅有敦煌莫高窟、故宫、秦始皇兵马俑等几处大型国宝级文化遗产开展了三维数字化采集工作。

三维对象应用最多的地方便是日益成熟的非沉浸式虚拟漫游和文物展示上，两者分别对应的是三维场景与三维物体。所谓三维场景的虚拟漫游，即是人们可以第一视角在一个空间中操控前行、后退以及转弯方向，游览这个空间。而三维物体的展示，则有区别于传统图片，人们可以360度观察对其进行观察，并非只是一个方向或角度。

增强现实系统与沉浸性虚拟现实系统也是需要三维对象作为基础的。在瑞士ETH的E-MURA项目中，研究者就是使用了三维技术来复原古罗马时的一些场景。此外，即使通过纪录片或影视的形式，三维技术复原场景也能十分逼真地再现出来，比如HBO公司出版的电视剧《罗马的荣耀》中，制作者极其逼真地恢复了古罗马的街道与议会，并在DVD版本中，配上了特殊字幕来介绍场景或解释当时的一些生活习惯。实际上，上述方式属于被动的，如果三维模型配合增强现实系统使用，人们则可置身于这些近1500多年前的街道中，欣赏古罗马的灿烂文明。

（三）数字三维资源的采集与处理

三维数字化资源的记录要比二维图像及音视频记录复杂得多，其对象的建立也比二维图像的获取方法丰富。但是，这些方法各有各的特点，适用于不同条件下的实体记录，比如实体大小、是否可以移动、是否可以接近，以及需要模型的精确度等等。同时，成本预算也是一个十分重要的因素，使用高端的激光扫描仪或借助雷达、航拍的方法，往往价格不菲，而照片测量法则仅需要一台高精度的数码相机和一套商业软件而已。

三维对象的建立大致可以分为四类：经典CAD建模、激光扫描、基于图像建模（IBM）和基于光线建模。经典 CAD 三维建模主要是借助于测绘学和 CAD 软件，方法原始，但较为实用，仅适用于结构不太复杂的中小型项目。它的精度均比较低，对实地场景中的残损状态难以模拟，无法还原文化遗产的原状效果。

激光扫描建模是最重要的数字化手段，主要是借助于激光光束确定扫描实体在三维空间中的坐标位置，并自动生成结果（三维点云），经后期处理获取模型。这种方法建立的模型非常精准，随着激光扫描技术的不断发展，应用也越加广泛，从近距离的小型物体到大型的地形地貌，激光扫描都有很好的解决办法。根据操作范围，激光扫描大致可以分成三类：基于三角面的小型扫描仪，主要用于小型物体或艺术品，其形式主要有手持式、旋转台式以及机械手臂式；基于光束飞行时间和相位比较的地面扫描仪，主要适用于中型物体，尤其是地面建筑或遗址；航拍激光扫描配合 GPS 定位系统，主要用于扫描延绵几千米的地形地貌，虽精度稍低，但是操作范围很大。目前，三维激光扫描在成本和时间方面尚具有一定局限性，除仪器本身价格昂贵外，许多大型文化遗产对象的扫描还需搭建脚手架，地形不便还需小型飞机参与航拍扫描；即使物体较小，扫描作业也并非一次可以完成，尤其凹陷处较多的模型，因激光无法直接穿透，许多位置需要调整角度后单独扫描，故此使用激光扫描就显得很费时。另外，三维激光扫描仪的使用均有操作范围的限制，超出或小于它的扫描范围，其结果就不够准确。除光达（LiDAR）[①]方法外，其他激光扫描方法对于大面积上的细小缝隙或小孔均不够敏感，这也使得越来越多的艺术品数字化采集方法转向了基于光线建模的方法。

三维激光扫描的处理流程主要是数据获得、对齐、拼合等。由于光线不会转弯，所以三维扫描需要常常变换不同角度完成作业，从而采集到全部数据；而后，再将这些数据通过软件操作，将重复部分重叠在一起，达到对齐操作；最终，根据需要把重叠的三维扫描数据拼合成一个完整物体。每项数据都是彼此独立的三维点云，即物体上点的位置，如果需要最后制作成虚拟

---

① 光达技（LiDAR,LightDetectionAndRanging）是一种光学遥感技术，通常使用激光束来获得物体表面的凹凸信息，形成等高线图像。

现实，那么还要将这些三维扫描数据转换成多边形面。

　　除了三维激光扫描外，从21世纪初开始，另一种建模方法——基于图像建模的方法也逐渐兴起。该方法一经提出，就深受三维数字化用户的欢迎，成本低、操作简单的特点使未经专门训练的人们就可以胜任数字记录工作，而且其精度也可满足使用，并且还能够同时记录下物体表面纹理。这种方法的主要原理是对同一物体拍摄焦点错开的两张或多张不同角度的图像，通过一定软件计算建立起三维模型。经过近几年的快速发展，现已衍生出许多建模方法。除上述由软件自动完成之外的方法，还有一种低成本的半自动建模方法，其工作原理与多方向建模十分相似，也是通过照片导入、校正、测量、建模、贴图、输出等步骤来进行的，但是需要手动操作软件或输入相关的数据完成计算，即使在模型生成环节，也常常靠手动绘制主要线段。这种方法最适用于细节较少的建筑遗址，而对于曲面或不规则多边形构成的雕塑、陶瓷、绘画等可移动文物，以及破损的、存在细小沟壑的物体表面，就显得无能为力了。

　　基于图像建模的方法仅需一台高精度的数码相机和一套可靠的商业软件即可开展工作，因此，成本相较于激光扫描和基于光线建模的方法要低很多。目前，由于制造数码相机的硬件不断降价，家用相机已经达到了1200万像素，可以拍摄4000×3000像素大小的相片，完全足够建立起相当精确的模型了。如果需要应对更加复杂的拍摄条件，那么一台单反相机也是十分必要的。总体来讲，硬件采购成本不高，相机也可重复使用。

　　此外，还有一种介于激光和图像建模之间的建模方法——基于光线的建模方法。这种方法借助了激光建模和图像建模的优势，既可以建立精度较高的模型，又可以记录下物体材质，灵活性很强，成本也较低；从速度方面讲，前期扫描作业也比激光扫描快了许多。但是，基于光线建模中所用光线，并非激光，而是由投射仪投射的普通光线，没有激光的光照强度。因此，基于光线建模的方法，主要适用于中小型物体的三维数字化，近距离的记录作业，尤其在文物数字化工作中很常见。基于光线建模的方法以结构光使用最为普遍。此外，还有以阴影建模、以光度建模等一系列方法。

第七章　吴锦堂文化遗迹数字化展示方面的技术

吴锦堂文化遗迹是数字化展示未来发展的方向之一。博物馆和各式展馆的设立是人类文明进化的结果，反映了当代人对历史、对先人文明的珍视，是承前启后、延续文化之脉的重要举措。列宁曾说："忘记过去就意味着背叛"，建立博物馆不仅是纪念历史文明，也是启迪教育后人，使人类文化薪火相传的重要举措。

早在西方的古希腊、古罗马和中国的春秋战国时期，就出现了人类历史上博物馆的雏形——缪斯神庙和孔庙。大英博物馆的出现则标志着现代博物馆正式诞生。自那以后，博物馆与人类文明进化和技术革新同频共振，展示内容愈益丰富，展示手段形式多样。时至今日，各国根据各自国情和管理需要，对博物馆进行不同的分类。例如，中国将博物馆分为专门性博物馆、纪念性博物馆和综合性博物馆三类，而西方国家一般将博物馆划分为艺术博物馆、历史博物馆、科学博物馆和特殊博物馆四类。从空间物理形式上来看，许多博物馆已经不仅仅只有单体或连体的建筑物，而是逐步将公园、花园、休闲娱乐设施等包括进来，使其功能由传统的研究、收藏、展示向综合性、休闲性历史文化知识习得和价值观塑造场域不断演变，多功能文化复合体将是博物馆未来总体发展趋势。

从展示陈列方式上来看，自20世纪90年代以来，由于现代科技尤其是互联网、虚拟现实技术等的迅猛发展，已使博物馆由传统博物馆向智慧展馆（数字博物馆、网络博物馆）方向发展；而于未来，将向着活态展馆继续进化，吴锦堂文化遗迹开展数字化展示也将是其发展的必然方向。如表所示。

不同形态展馆比较

类别	传统博物馆	智慧展馆	活态展馆
关键词	文物（历史）	信息（数据）	人文（互动）
形态	固态	流态	活态
主体	一元	一点五元	二元
维度	一维，单向	二维，双向	三维，多向
时空	历史的显示感	历史的代入感	历史的融化感（时空交融、人人交互、人物交互）

智慧展馆是当前博物馆和文化遗址遗产行业的最新发展趋势之一，其实质是运用智慧化方式进行展览展示的展馆形态。它主要是利用现代科技手段，如三维扫描技术、3D立体显示技术、虚拟现实技术、虚拟漫游技术、人机互动娱乐技术、特种视效技术等将实体博物馆的各类藏品制作成电子信息或三维模型，再经由必要的技术与艺术处理，以电子化方式完整呈现实体展馆的全貌。智慧展馆可分为本地数字化展示中心（离线）和网络展馆（在线）。智慧展馆的建立以大数据的收集、加工处理为基础，通过对藏品、客流两个维度大数据的获取和运行软件开发，可为展馆内部管理、对外服务（预约、导览、下载、互动等）、展品修复保护、对外传播等工作提供便捷的技术支持。

活态展馆是比智慧展馆更高级的存在形态。它是以文物为本，以数据为翼，以人文为魂，在文物（遗址与历史）与观众的互动中让博物馆、遗址展示活起来，与观众深度开展交流，使物质文化遗产发挥非物质文化遗产的教化、感染、移情、认同作用。活态展馆主要具有以下几个特征：第一，鲜活性。活态展馆中的展品、文物都是活灵活现、栩栩如生的。第二，人文性。展品与文化遗产都是跨越时空的朋友，具有使观众移情的作用，愿意投入部分情感给文物及其背后的故事，或是感情共鸣，或是启迪人生。第三，奇妙性。活态展馆能够带领观众走进未知世界，满足以青少年朋友主要观众群体的好奇心、想象力和探索欲。

第七章　吴锦堂文化遗迹数字化展示方面的技术

活态展馆奇妙而充满未知魅力，吸引着人们去探索奥妙。它建立在智慧展馆的基础上，但又超越智慧展馆。它可以综合运用实体展示和智慧展示的一切优势条件，向观众展示充满大胆的奇思妙想和疯狂但又合乎情理的文化创意，使展馆成为文化故事的讲述者、文化内涵的诠释者、文化价值的展示者。从某种意义上讲，活态展馆就是我们身边的博物馆导师。

活态展馆是创意与科技的完美融合。它的功能不仅是推介展品，展现某一段历史，更是通过"润物细无声"的方式，在更深的层次上去传播文化、塑造认同（参与项目、深度参与）、展示价值（核心价值与人生观、世界观的塑造与教化）。在未来的活态展馆中，可以使雕像、编钟、车马、兵马俑、动物标本甚至木乃伊等文物都活起来，动起来。课本、教具等都可以做成卡通形象，有鼻子、有眼睛、有嘴巴，会说话、有表情、可发笑等等，与观众进行沟通，倾诉过去的故事，带领人们走进历史。

活态展馆的艺术创意将会充满人文关怀，幽默且有趣。人们创造出黑白人、镜中人、穿越者、木偶戏、皮影人、雕塑人、蜡像人、黄铜人等，同观众互动，让文物自己来讲述自己、展示自己、诠释自己。

吴锦堂文化遗迹的开放利用应以现场实体展示为主，数字化展示为辅的方式共同推进，并且应该根据遗迹本体的实际情况，选择与每个具体遗迹点相适合的数字化形式与手段，设计出相应的数字化展项。同时，数字化展示内容设计应该建立在相应的历史资料基础之上逐步实施。现阶段，锦堂文化遗迹应将不可移动文物作为数字化展示项目的实施重点。数字化展示的全部设计思路需总体规划和宏观把握，编制的具体数字化实施方案必须有选择、有步骤地稳步推进。

同时，辟出专门空间进行数字化展示，加强锦堂文化遗迹现场展示与数字化展示之间的联动，增强观众与实体文物之间的互动，更好地展现文物本体的重要性。对于所有不可移动文物或可移动文物，都配以专门制作的介绍性资料（包括文字说明、图片展示等），并为每个文物配备安装二维码扫描功能。使观众在参观实体文物时，可通过手机扫描二维码，获取文物信息相关介绍，实现电子导览和电子语音解说。吴锦堂文化遗迹的数字化展示主要包括现场数字化展示、数字展馆展示、网上展馆展示三个部分，其中现场数字化展示最为重要。

一、现场数字化展示技术

针对吴锦堂文化遗迹的遗产类型特点，应将遗迹现场和不可移动文物作为所有数字展示系统的核心与重点。具体展示流程如下：

第一，根据现存吴锦堂文化遗迹保护特点、现场情况、文物价值及文化内涵等因素，合理确定展示内容，选择展示项目，列出现场展示清单。

第二，根据展示清单，挖掘每一项待展示的历史以及不可移动文物核心价值所在，确定其历史文化内涵的阐释关键词、主要内容等。

第三，深入分析历史遗迹和不可移动文物所处现场的地理地貌、自然环境（包括光照、气候、植被等条件）、保护现状、原址已有展示方式等。

第四，综合评估以上三项条件，选择合适的现场数字化展示方式。拟采用的现场数字化展示方式（软件）包括：

（1）虚拟还原

（2）虚拟漫游

（3）AR 增强现实

（4）VR 虚拟现实

（5）激光秀

第五，开展实施方式，确定展示载体（硬件）。根据现场的现实条件，拟采取搭建高亮度露天展示屏（有雨阳篷进行适度遮盖）、可移动小型展示舱、二维码扫描＋移动客户端、夜间激光投影等方式实施。

吴锦堂文化遗迹数字化展示形式主要包括 3D 激光秀（激光投影）、数字三维复原、虚拟漫游、VR 虚拟现实。

（1）3D激光秀（激光投影）。在夜间或低亮度条件下，通过激光投影设备，以激光光束勾勒轮廓线条，塑造人物、建筑、教学用具等形象，并辅之以声音特效，复原展现锦堂学校上课场景。

（2）数字三维复原。按照历史记载的资料数据，利用数字虚拟复原技术，实施三维建模，将锦堂学校旧址建筑、中庭花园、教室、实验室等文物建筑的遗迹进行虚拟复原，呈现在显示屏上，并配以文字、语音解说，供公众了解。

（3）虚拟漫游。在数字三维复原的基础上，通过虚拟漫游技术，让公众跟随镜头在锦堂学校建筑中游走、跑动，感受锦堂学校的历史氛围。

（4）VR虚拟现实。通过VR电子设备（头盔、眼镜、操作杆、显示屏等），让公众虚拟进入特定的课堂、对话、活动场景之中，并与场景中的虚拟人物进行互动，身临其境地体验锦堂学校的历史场景。

（5）音画MV专题片。针对锦堂文化遗迹组成部分的历史文化内涵和艺术价值要素，拍摄专题视频，系统解读与锦堂先生爱国爱乡精神相关的历史事件以及社会影响，让广大参观者深入了解、欣赏我辈致力保护的文物遗产具有的历史、科学和艺术价值。

（6）应用程序App。它是依据锦堂文化遗迹的建筑形态、文化内涵、可操作性等方面的特质，专门开发的全面系统介绍文化遗产结构、形态、演变、功用、价值、赏析，并兼有图文介绍、专家语音解读、游戏小程序等多种形式的手机应用软件。

（7）AR增强现实。公众可使用移动客户端（手机、iPad）等扫描二维码，实现公众与特定场景、文化遗产的虚拟融合与互动，通过互动方式加深对文化遗产的理解。公众也可通过扫描二维码，进入特定的微信公众号或App程序，阅读欣赏锦堂先生相关文化遗产的语音、图文信息，并制作成特定的H5格式呈现出来，包含不同多媒体形式和菜单内容的电子文件，可点击、悬停、选择不同菜单。

吴锦堂文化遗迹的现场数字化展示清单

遗址/不可移动文物	要素类型	历史价值	展示地点	展示形式	展示载体
锦堂学校	建筑	教育史价值	文物建筑附近	数字三维沙盘模型（整体）	带雨阳蓬的高清室外LED显示屏
吴锦堂故居	建筑	名人价值	文物建筑附近	激光秀	夜间激光投影设备
吴锦堂墓	建筑	历史价值	文物建筑附近	专题片	带雨阳蓬的高清室外LED显示屏

二、数字化展馆（馆内）技术

数字展馆主要是配合锦堂学校旧址展示和现场数字展示。展示如锦堂学校旧址建筑结构、全貌、历史沿革、历史文化价值以及与吴锦堂先生有关的历史事件等那些现场无法展示或展示效果不佳的部位和内容。此外，数字展馆还可以承担一部分互动和游戏功能。

在吴锦堂文化遗迹展馆全方位改造的基础上，兴建吴锦堂文化遗迹数字展馆，可以较好完成数字化（智慧化）展示系统。数字展馆与实体博物馆并不是完全等同的设置，数字化展示系统需依据自身特点专门设立。其基本设置如下表所示。

下面具体介绍吴锦堂文化遗迹数字展馆（馆内）数字化展项。

（1）"历史重现"数字化展项。主要用于历史大事件展现。以部分文物建筑三维虚拟还原、现场或异地的部分或全部场景还原以及历史场景还原为基础，结合史实故事再现、人物再现，采用数字化方式虚拟再现历史场景，尤其再现锦堂学校筹建时期的历史事件。主要技术形式有：虚拟现实、混合增强现实、全息投影、交互现实、多感可视化、激光秀等。

第七章 吴锦堂文化遗迹数字化展示方面的技术

吴锦堂文化遗迹数字展馆空间布局与功能设置（总面积 110 平方米左右）

厅名	面积（平方米）	容量（人数）	展项	功能	内容	设备
演播厅	60	60	历史重现	播放专题片、动画片等，实景演出等	锦堂学校的筹建历程	穹幕立体电影成套设备
虚拟现实厅	20	20	时空沉思	实现虚拟现实、增强现实、激光秀等	锦堂学校历史及吴锦堂生平事迹	120度弧幕立体投影设备、激光秀设备、三维电子沙盘等
虚拟漫游厅	10	2	历史重现	实现虚拟漫游	锦堂学校及吴锦堂爱国事迹重现	120度弧幕立体投影设备、地面投影设备以及3D头盔、眼镜等可穿戴设备
互动厅	20	4	问道古贤文化探秘	游戏程序、模仿动作与表情、软件与资料下载	可移动文物App、人物表情包	触摸一体机、背景抠像互动技术与设备、相应软件程序

（2）"问道古贤"数字化展项。主要用于对历史人物的深度了解与互动，是基于数字互动软件程序技术的数字展项。例如观众可与吴锦堂先生通过问答、演示、指引等方式实现人机互动，并将观众带入到虚拟的历史场景之中，增强历史代入感，加深特定遗迹所示的历史场景、历史情境、历史价值等方面的理解与认知。相比"历史重现"展项，"问道古贤"更为关注互动性和局部空间。主要技术形式有：电子游戏、App、互动投影、人机互动、音画MV、人物表情包、姿势或表情捕捉技术等。

（3）"文化探秘"数字化展项。"文化探秘"主要应用于可移动文物的展现。通过制作适于 iPad 或手机播放的音画 App 以及与遗址、文物相关的电子导览，结合二维码扫描获取语音解说等形式，对吴锦堂文化遗迹的若干重要组成部分进行科普揭秘或艺术解读，帮助观众欣赏文化遗产在历史、美学、艺术等方面的价值。主要技术形式有：App、专题片、音画 MV 等。

（4）"时空沉思"数字化展项。"时空沉思"实则是一个综合性数字博物馆项目。通过建立综合性的数字展馆或在实体展厅中开辟专门性的数字展厅来实现"时空沉思"，展厅内设置全景式环幕触控式电子高清显示屏，观众可穿戴相关设备，以人机互动、虚拟现实、4D体验等数字化技术形式，进入吴锦堂文化遗迹相关若干历史事件的场景之中，并与历史人物产生互动，达到对锦堂文化整体性、全景性、全过程式的综合性认知。主要技术形式有：虚拟漫游、虚拟现实、增强现实、激光秀、三维电子沙盘等。

三、网上展馆（在线）技术

吴锦堂文化遗迹网上展馆不同于吴锦堂文化遗迹官方网站。网上展馆是专门性的在线展示平台，而网站则是以内部管理、对外服务和日常运营为主要内容。虽然，在网站、微信公众号中可以设立网上展馆的链接地址，但是两者功能不可混淆。网上展馆是为远程在线观众提供异地欣赏锦堂学校旧址和文物，兼具互动下载功能的综合性展示平台。如下表所示。

吴锦堂文化遗迹网上展馆栏目分布与内容设置

栏目分布	技术形式	功能	浏览内容
实体博物馆虚拟漫游	分厅点击，全程无间断漫游	悬停、放大、回溯、导览、互动	各展厅展板、图片、文字、实物、艺术品、场景还原等
数字化展项点击浏览	点击、回应、载入、播放	根据遗址参观路线依次点击，观看相应的数字化展项（历史重现、时空沉思、问道古贤、文化探秘等）	和遗址相关的各类视频、动画、App程序、MV、游戏、虚拟现实场景、虚拟漫游场景等
在线互动	在线展项互动、游戏互动、参与设计等	集中能够在线互动的展项和游戏，开发适宜的互动形式，方便在线观众点击、回应、参与	吴锦堂文化遗迹等情境游戏、表情包等设计游戏
资料下载上传	资料下载，资料上传	大容量服务器予以收集、专人整理并反馈	下载各类软件、视频上传与锦堂文化相关的各类资料（图片、文字、音视频等）

四、数字化展示的基本程序

数字展馆致力于追求智慧化展示，实现科技与实物的无缝对接。数字展示系统方案应以习近平总书记"让文物活起来"的指示为行动指南，在整体上以寻求建立活态展馆为总体目标，将智慧展示作为活态展馆进化的初级阶段。习近平总书记的指示高屋建瓴，为我们指明了未来博物馆发展的大方向。

当前，博物馆的发展趋势正是创造条件让文物活起来，但具体进程并不相同，认识上也存在很大区别。绝大多数博物馆仍然停留在传统博物馆阶段，以实物和物理形态展示为主，遗址类文物展馆尤其如此。仅有少数博物馆正在综合运用数字化手段和互联网技术，力图让文物"活"起来，其中故宫博物院和敦煌莫高窟可谓业内先驱。故宫博物院的文物活化利用以在线传播为重点，通过 App 等基于智能手机、iPad 一类新型智慧移动互联网终端的软件，结合故宫文物的独特优势，引领了文博圈的智慧化潮流，让各类"故宫出品"刷爆了朋友圈。此外，故宫博物院的虚拟漫游和智慧导览也卓有成效。莫高窟则是在实体文物保护和扩大参观人群之间找到了平衡，利用智慧化手段，采取建立数字莫高窟和本地体验中心等方式，不但有效控制了进窟人群，在一定程度上加强了对实体文物的保护，而且在提升观众文物鉴赏水平，提高莫高窟知名度和神秘感、吸引力方面起到了意想不到的效果，是一种较为成功的"饥饿营销"战略。

故宫和莫高窟是当前国内数字化展示的佼佼者。但是，目前两者都没有为业界提供或呈现一个全面系统的数字化展示方案。无论是故宫还是莫高窟，都仍然处于智慧博物馆的早期发展阶段。数字展馆的完善发展阶段应该有一个完整系统的数字化、智慧化展示方案，并且逐步实施，最终形成在文物实体文物展示系统之外独立的智慧化展示系统，并且能够做到与文物实体展示互相补充、互相促进、无缝对接（技术和逻辑两个层面）。这也是其他博物馆实现弯道超越、后来居上的着力点。同时，其他博物馆还应有一定的超前意识，以构筑智慧展馆展示系统为方向，着力研究活化展馆的基本要素和核心特质，为数字展馆向活态展馆发展进化奠定基础，不断促进展馆展示系统的升级换代，实现人与文物（文物也是一种人，虚拟人，有历史故事和人文情感的社会角色）深度互动的终极目标，将历史的融入感体现在文物展览展示中。

吴锦堂文化遗迹数字化展示系统的设计思路可以分为五个阶段，包括预研；策划设计；预实施与评估、反馈、修正；实施；评估、固化、动态调整。

1. 吴锦堂文化遗迹智慧化展示工作预研

在制定吴锦堂文化遗迹数字化展示系统方案之前，对项目本体包括遗址、文物、历史、人文、地理等各个方面进行全方位研究，了解文物或展馆的基本定位、本体存在和展示主题。

（1）提炼吴锦堂文化遗迹的核心价值与特质，对吴锦堂文化遗迹的数字化展示应该展示什么、传播什么，表达什么样的价值观、讲述什么样的历史故事、传达什么样的人文情感应该有明确的诉求和蓝图。传统的物理化展示既有相同之处，也有不同地方。相同点在于任何一个优秀的展览展示必然有一个明确的主题，所有的文物、图片、文字、艺术品等都是为这个主题服务的，都是为了体现这个主题。做好展览展示就像写文章，一定要主题突出、结构合理、逻辑清晰、论证有力。其中，论证有力就是看文物有没有说服力，有没有震撼力，价值如何，这取决于文物的自身价值和影响力（所以才有文物的等级和影响之分）。但是，仅是文物的自身价值高、影响力还不够，还需要策划者、设计者与文物博物的管理者共同研究，制定出逻辑清晰、结构合理的文本或蓝图。文物当然是最重要的基础，无论是实体展示，还是数字展示，在这一点上都是相同的。而且，如果说数字化手段和形式是"毛"的话，文物本身就是"皮"，"皮之不存，毛将焉附"？文物是主体、是本体，数字化手段和形式则是为文物服务的，二者之间的关系应该是非常明确的。

但是，与传统的物理展示不同，数字化展示尤其需要提炼核心价值，形成倾向明显的引导性主题。数字化展示的优点可以突破时空限制，运用音视频（动画、微电影、专题片、App 等）、游戏、虚拟技术等手段去表现历史上或想象中存在的东西，并使它们具象化，实现历史的代入感，让观众在一定程度上回到或至少感觉到文物所处的时代语境，拉近观众与文物的距离，从而更容易理解所要表现的主题，更真切地体验到文物的核心价值与特质。同时，数字化展示的传播方式也突破了原有限制，既可在展馆内建立专门的数字化展厅或将数字化展项零散分布在各实体展厅内，也可以通过互联网向异地传播，远程下载各类视频、游戏作品等部分数字化展示成果。数字化展示的即时性和局部性是不足之处，许多数字化展示主要是基于声、光、电技术产生的，具有即时性，观众可能看了后面忘记前面，对历史纵深感的把握难以全面。此外，数字化展览存在局部性，现场实体展览可以使观众停留在馆为慢慢品味，并反复来回比较，易从宏观整体上把握。虽然，数字化展示也可通过点击、悬停、下载反复播放等形式，在一定程度上避免了上述局限，但是从整体上看，仍然无法完全避免。

对于数字化展示来说，必须能够在较短的时间和较狭窄的空间约束条件下，通过技术手段的辅助和艺术形式的选择，突破即时性和局部性的限制，充分地表现主题。因此，就需要对文物的核心价值和特质有明确的、深刻的理解，并在达成共识后，作为数字化展示的根本立足点和表现主题。同时，还需要结合数字化展示特点，迅速集中且具有艺术感染力地展现核心价值。当然，数字化展示表现的文物核心价值是源于实体展示的，必须与实体展示保持一致。但是，有时也会要做一些改动，主要情况有两点：一是有针对性地表现文物核心价值的某一方面，仅突出某一个点，不一定要像实体展示那样做到面面俱到。当然，如果是一个系统的数字化展示，也可以做得更加全面一些；二是结合数字化展示技术尤其是声、光、电技术和互联网体验的基本要求，对核心价值的外在形式做一些必要的包装。

（2）选择适合吴锦堂文化遗迹的数字化展示形式。数字化展示与物理展示一样，其表现形式均由一些基本元素组成。基本元素主要包括可供实现的技术手段和适宜的艺术表现形式。但对于数字化展示来说，"想得好"与"做得到"一定要有机结合，前期设计规划就应考虑到技术接口和具体实施，实施内容包括可行性、资金成本、时间成本、后期维护成本等。无论是技术选择还是艺术选择，都需要将活态展馆的基本元素考虑进去，以文物与观众两个维度为重点，实现文物（虚拟人、过去的人）与观众（实体人、现实的人）两个本体核心的互动体系。不能仅仅只考虑文物或是观众，只有以二者深度对话、沟通交流等互动模式为基点，才能够为技术手段和艺术表现形式提供正确的行动坐标和路线图。选择这种技术手段和艺术表现形式是对设计者综合能力与素质的重要考验，而技术手段如何与艺术表现实现完美融合，也需要整个设计团队与技术团队充分沟通与交流。通常情况下，对于传统博物馆而言，在常规的文物实物展示、图片文字之外，还会有一些创作的艺术品以辅助展示，如雕塑（浮雕、圆雕）、绘画（漆画、连环画、油画、国画等）、蜡像、场景还原以及音视频展项（如动画片、专题纪录片、微电影等）、互动展项（如游戏、体验装置）等。但是，在实体展厅中，这些艺术品往往只是服务于某一环节的展项，相互之间的关联性与一致性可能未受重视。对于完整的数字化展厅来说，不同艺术品的功能任务是什么，选择哪类主题及哪种艺术表现方式，需要深入研究。

同时，基于后期在线传播，如何获得和传播还需要研究。如互动游戏、App、大型互动体验装置等一些刚出现的纯粹的多媒体展项，就会出现在线和本地两种不同版本间的协同问题等。因此，从技术手段来看，增强现实、虚拟现实、激光秀、全息投影成像等技术如何与艺术表现形式融合与结合，是事先考虑清楚并设计路线图。

吴锦堂文化遗迹是一类兼有多种形态历史文化的待于开发的文化类遗迹，不同于一般博物馆和展馆。既蕴含有丰富的教育文化、爱国精神，也可展现独特的自然景观和人文历史。类似这种多形态并存且处于成长中的历史文化遗迹，必须通过预研环节完成对其核心价值的提炼，使多种形式的数字化展示形式和谐共存，不会相互抵触。

第七章 吴锦堂文化遗迹数字化展示方面的技术

2. 吴锦堂文化遗迹数字化展示系统方案的策划设计

在预研环节完成后，即可进入策划设计阶段。策划是以预研为基础，结合项目对象（博物馆、遗址等）的实际情况，将其总体框架和思路进行具体化，制定具有针对性和系统性的策划建议书。策划建议书既要有整体的规划和逻辑思路，又要有分展项的具体创意。设计则是对策划建议书的技术落实，形成具体的可视化图案，使人们有"所见即所得"的感觉。建议吴锦堂文化遗迹的智慧化展示系统设计以室内、户外、网络三个部分为主，合理分配数字化展项则须编制展示大纲和整体设计方案。具体内容如下：

（1）编制展示大纲，即对吴锦堂文化遗迹的数字化展示编制总体策划建议书。同实体展览陈列一样，数字化展示需要一个完整的展示大纲。展示大纲是整个数字化展示的战略文本。对于实体展示来说，数字化展示涉及多个学科，艺术表现形式差别较大且丰富多样，需有战略文本进行总体规划，从宏观上把握展示主题，正确选择展示手段与技术，合理确定展示结构框架及表现重点等。

在吴锦堂文化遗迹中，重大历史事件是最集中、最完备的展现对象。在编制数字化展示大纲时，需要以这些重大历史事件为核心或原点，进行多层级的展项开发，多角度、全方位地展现历史场景，运用数字化方式将观众带回曾经事件发生的年代，实现"历史的代入感"。

（2）编制分展项创意与设计文本（脚本）。展示大纲只是一个总体框架，分项创意与设计文本的编制必须以展示大纲确定的主旨和基本原则为基础，在大纲框架内逐项落实，从而贯彻展示主题，体现展示效果。各展项的创意与设计必须因项制宜，依据所要表现对象的特点和实际情况，选择合适的创意思路、技术路径、表现形式。在分展项的创意与设计中，要将内容与形式二者密切结合起来，相得益彰，形成内外"两张皮"。创意与设计是建立在对历史文化的深刻了解、分析以及对特定艺术形式精确把控的基础上，需要创意者和设计者历经多年沉淀积累后才形成的认识理念。此外，创意与设计还需结合展示本体且符合展示主题需要的情况下，产生一定的变化，以便更好地表达整个展览的中心思路。

在吴锦堂文化遗迹的分展项创意与设计过程中，首先创意者与设计者要对民国时期这段历史有充分了解，不仅要了解中国历史的整体趋势和教育历史的总体态势，还要对宁波地区以致浙东地区在近代史中的重要地位和价值有充分认识。同时，创意者与设计者要对学校筹建的具体过程，包括规划设想、筹建过程、建造阶段、重点要素等情况开展调研，借助各学科专家和文博工作者的现有工作成果，虚心学习，凭借已有艺术积累，准确把握历史遗产对历代民族心理的影响、留存与历史事件之间的互相影响等，以便制定出内容与形式相统一的展项创意策划书和设计效果图。

（3）编制技术方案建议书。创意与设计编制完成后，需要具体落实相关理念和思路。然而，在实际实施时，却会因资金、技术、场地、能力、内外形势等多种因素的干扰，导致优秀创意或设计往往无法实现。那么，如何能够较好地落实执行创意、设计的理念和思路呢？这就需要一个重要环节——编制技术方案建议书。技术方案建议书的编制需要在技术和市场调研的基础上将远期发展规划和近期实施计划结合起来，必要时还需对业内成熟技术案例进行考察。

如以吴锦堂文化遗迹做为数字化展示对象时，它的基础技术条件准备还不充分。虽然，市场上已有相对成熟的案例和成品可供借鉴和采用，比如全息投影、幻影成像、虚拟现实、增强现实、激光秀、虚拟漫游、动画片、App、电子游戏等，但是，如何选择实属困难，需要深入研究。一是现有的资金支持力度将会影响选择何种水平的技术条件，包括软件程序和硬件设备等；二是不同形式的技术之间如何实现兼容与和谐，才不会产生 1+1<2 的逆效果。

（4）设计分展项可视化效果图。创意与设计的最终落实，需要在创意阶段就与甲方沟通得到认可，而后进行可视化处理，并绘出效果图。可视化效果图是一个可将创意设计思路直接表现出来的半成品。通过效果图的绘制，创意者或是设计者均可反复琢磨并不断修改展项设计。对于吴锦堂文化遗迹项目来说，在展示大纲和分展项设计中所策划的若干不同类型的数字化展项项目究竟是什么"长相"，通过效果图来直观表现较为合适。例如，"昨日重现"该如何表现？是纯粹的虚拟现实，还是半实物半虚拟的增强现实；是以动画片再创作为主的文学作品，还是偏重于历史和纪实的专题片；而锦堂职业教育文化的App"画风"应是怎样表现风格？都需要通过绘制效果图来进行"剧透"。

3. 预实施与评估、反馈、修正

所谓预实施，就是每一类型的数字化展项可以先做一至两个样品，拟实施样品经过内部评估及听取外部意见反馈，完成最终修正。吴锦堂文化遗迹的数字化展示可以依据展示大纲和"剧透"的效果图，选择若干不同类型的数字化展项，通过预实施的方式逐步推进。

（1）样品实施。样品开发与实施是推动大规模数字化展示的必要步骤。所谓样品，就是先在某一类展项中选择易于开发和实施的项目，用较低的成本制作出来，以供研究和实验所用，类似于战斗机开发中的"原型机"。通过样品实施，可以对待用展示技术的成熟性、展示艺术的感染性、制作实施过程的复杂性与时间、资金成本等重要指标进行记录、检验和完善，以便为下一步决策提供参考。吴锦堂文化遗迹可在虚拟现实、虚拟漫游、App、动画片等不同类型的展项中，依据难易程度选择某项制成样品，并于相关遗迹点现场开展使用，接受观众检验，为后续大规模制作积累经验。

（2）内外评估。展项评估是成熟的数字化展示方案的必由之路。样品制成后，必须接受内外评估，经受住参观者的检验，不断发现问题，找出不足，才能通过修正，成为一个好的项目方案。吴锦堂文化遗迹，正好利用数字化建设的机遇，制作5~8项不同形式的数字化展项样品，既可以补充实体展览和现场展示的不足，为文化遗产加分，也可以加强宣传，吸引更多的人群关注，认识和了解吴锦堂遗迹的相关文化。

（3）样品修正。各方意见汇总评估后，需由设计方和制作方对样品完成修正工作，形成一整套未来正式产品实施的标准规范或工作流程。从形式上来看，虚拟现实、虚拟漫游、App、动画片应可作为吴锦堂文化遗迹的几个重要展项，通过样品修正，可以对每一种形式的展项提炼出标准流程，为后续同类型展项奠定实施基础。

4. 吴锦堂文化遗迹数字化展示系统的实施

数字化展示系统的实施，尤其是大规模正式实施，是整个数字化展示的核心环节，前述三个环节都是为最终实施铺垫和预热的。吴锦堂文化遗迹数字化展示系统各展项。这一方案的实施就是根据已经成型的创意策划、文字脚本、效果图、标准技术规范及流程进行成建制的批量化生产或制作。例如，对吴锦堂文化遗迹来说，虚拟复原可能有 2~3 个展项，如锦堂学校旧址、吴锦堂故居、吴锦堂墓庄等；虚拟现实则会更多，尤其是实景与虚拟场景结合起来，才能真实全方位地反映历史事件，使人有身临其境之感；而像 App、动画等也有若干个展项。其中，有一些展项从原材料、角色绘制、叙述话语等方面来说，可能是类似或者相同的，极有利于成建制标准化地实施。

5. 验收、固化、动态调整

任何成功的项目都是在不断地验收与固化中完善的。数字化展项完成实施后，按约定需要进行验收、固化并动态调整。该环节是项目质量精益求精的保证。

（1）验收。数字化展项经过一段时间的试运行后，各项技术指标基本稳定，可以申请验收。验收应依据设计参数进行最大负荷试验，保证博物馆网上展项在可能面临的峰值客流时也能自如应付。

（2）固化与推广。数字化展项顺利通过各类负荷试验，并经过较长时间（至少是一年）的运行后，可以对原有设计、实施流程进行固化，形成经验与模式。使其他类型数字化展项依据固化成果进行参考和维护。

（3）动态调整与升级。固化不是僵化，数字化展项的保鲜期要比实体展示更短。通常情况下，历经三年，无论是技术的发展，还是人们理念的变化，都会促使数字化展项进行动态调整甚至升级换代。这样就需要设计制作方与馆方定期对数字化展项进行技术更新和维护，并参考大数据监测结果，及时了解观众喜好与最新需求，并对展项进行动态调整；必要的时候可以升级换代，保持展项新鲜感，持续吸引参观人群。

第八章　吴锦堂文化遗迹数字化传播方面的技术

联合国教科文组织设立世界文化遗产的主要目的是要更好地保护文化遗产，进而传承和发展文化遗产中承载的历史、文化内涵和核心价值。反之，通过适当途径展示传播世界文化遗产，让越来越多的人知道、关心并喜爱它们，才能更好地保护、传承及发展。吴锦堂文化遗迹具有丰富的文化内涵、精美的建筑艺术和鲜明的核心价值——华侨的爱国主义精神、教育兴邦精神以及报效桑梓的宁波帮精神。进入信息化时代以来，以互联网为基础的数字化平台成为保护、传播、传承和发展世界文化遗产最重要的渠道之一。如果说文化遗产的历史是"第一空间"，而其当下是"第二空间"，那么，文化遗产的数字化传播则是有待拓展和构建的"第三空间"[①]。在信息化时代，要保护、传承和发展吴锦堂文化遗迹所承载的历史、文化内涵和核心价值，势必要走数字化传播之路。

"一切事物都是变化发展的"，信息传播平台也不例外。近年来，官方网站已经结束了20年前一家独大、一枝独秀的局面。官方微博和微信公众号异军突起，目前已经基本形成了官方网站、官方微博和微信公众号"三足鼎立"的新格局。虽然，三者均借助于网络平台发展，但三者各具优势，差异明显。

官方网站侧重于吴锦堂文化遗迹相关内容的整体介绍、历史构成、通情

---

① 白国庆，许立勇.大遗址的数字传播与城市文化空间拓展[J].深圳大学学报（人文社会科学版），2016（2）：50-54.

要揽、文物撷英、研究开展、业务指南、互动下载等。官方微博相当于吴锦堂文化遗迹的电子新闻发言人,涉及的权威新闻和重要通知等皆由官方微博统一发声。微信公众号实际上是吴锦堂文化遗迹与观众的互动平台,以大众化、平民化的亲民方式吸引青少年群体和普通大众,其特点少而精、少而新,及时推出吴锦堂文化遗迹中的精华项目,并及时收纳、反馈观众信息。

一、官网设计

(一)官方网站的功能与定位

在信息化时代,官方网站"飞入寻常百姓家"后,其地位与作用并没有下降或弱化,仍然在推广品牌形象、传播企业文化、发布官方联系方式、客户服务、网上销售等方面发挥着重要作用。因此,绝大多数公开团体均设计有自己的官方网站。

对于吴锦堂文化遗迹而言,虽非商业团体,其官方网站也不以获取经济利益为主要目的。但是,如同诸多商业团体的官方网站一样,它要向广大网民推广这一系列文化遗产点,发布与吴锦堂文化遗迹有关的权威信息,并为广大游客、研究者经济利益网站提供各类视频、音频、文献资料,以最终更好地保护、传承和发展钓鱼城遗址的历史文化及其承载的历史内涵、文化内涵和核心价值。

(二)官方网站的域名申请

域名(Domain Name),是由一串用点分隔的名字组成,在Internet上为用户提供访问某网站或网页的路径,并用于在数据传输时标识计算机的电子方位(有时也指地理位置)。国际域名管理机构是采取"先申请,先注册,先使用"的方式,而网域名称只需缴交金额不高的注册年费,持续注册就可以持有域名的使用权。"域名申请"为保证每个网站的域名或访问地址是独一无二的,需要向统一管理域名的机构或组织注册或备档。也就是说,为了保证

第八章 吴锦堂文化遗迹数字化传播方面的技术

敦煌研究院官网

网络的安全有序，网站建立后需要向全球统一管理域名的机构或组织去注册或者备档，绑定一个全球独一无二的域名或访问地址后，方可使用。域名是网站必不可少的"门牌号"，可用于网站地址访问、电子邮箱、品牌保护等用途。因此，很多企业或个人均会进行域名申请。

宁波慈溪市人民政府官网

吴锦堂文化遗迹如要建立官方网站，首要工作即是申请域名。域名申请以方便好记，利于网站推广为基本原则，建议采用"锦堂学校"或"锦堂文化"拼音首字母的缩写，即www.jtxx.cn或www.Jtwh.com。

(三) 官方网站的设计思路

吴锦堂文化遗迹建立官方网站的核心和关键是要牢牢把握住栏目及其网站内容的丰富性、科学性和趣味性。根据吴锦堂文化遗迹的文化遗产性质以

第八章　吴锦堂文化遗迹数字化传播方面的技术

及实际情况来看，大致可以设计以下六个栏目。

第一，行政板块。吴锦堂文化遗迹管理单位是直接负责文化遗产保护与利用的行政机构。该栏目任务除负责发布与吴锦堂文化遗迹相关的权威信息外，还可以介绍管理机构的领导班子概况、机构组织等。

第二，学术板块。该栏目建议包括三部分内容：一是收集迄今为止所有与吴锦堂文化遗迹相关的科研成果；二是展示与吴锦堂文化遗迹相关的文献资料；三是如吴锦堂文化遗迹的最新研究成果等其他内容。以上资料均是基础材料，如果没有这些资料，保护和传承工作将无法正常开展。

第三，视图板块。为了更好地保护吴锦堂文化遗迹，新中国成立以来，尤其是改革开放后，各级政府采取了大量保护措施，包括拍摄的照片及各类纪录片、宣传片等影音和影像资料，甚至还有相关视频资料等。图像和视频资料承载的信息量和趣味性远胜于文字。因此，该栏目设计要既能为宣传吴锦堂文化遗迹提供大量材料，也能为保护和传承吴锦堂文化遗迹的历史文化提供重要的依据。

第四，虚拟板块。锦堂学校兴建于清末民初，虽然建筑总体保留较为完整，但局部位置损坏严重，历史原貌消失。游客参观锦堂学校旧址，是无法看到100多年前锦堂学校生动的校园原貌。本次设计可以通过软件建模和虚拟现实技术，增强现实技术，复原部分消失的细节，也可以通过三维动画或影视资料还原部分教学场景。参观者可以借助修复后的图片、3D动画等形式，更直观地了解锦堂文化，从而更好地传承锦堂文化中所蕴含的爱国精神。

第五，趣味板块。增加网站的趣味性是吸引游客、推广锦堂文化价值的重要途径之一。该板块设计可以借鉴《博物馆奇妙夜》《大圣归来》《西游降魔》等电影思路，通过动画戏说、另类解读等方式，使吴锦堂文化遗迹中的相关历史人物活起来、动起来，甚至可将吴锦堂文化遗迹相关物品人物化。说话，甚至其他内容如非人的东西人物化，如同电影《博物馆奇妙夜》中的动物化石、器皿等文物均呈拟人化，不仅能走动、说话，还赋予了人类感情。

电影《博物馆奇妙夜》剧照(一)

电影《博物馆奇妙夜》剧情图片(二)

第八章　吴锦堂文化遗迹数字化传播方面的技术

第六，旅游板块。吴锦堂文化遗迹现已是慈溪市重要的旅游文化名片，将其打造成精品景区，既能直接带动地方经济发展，又能间接增强慈溪市的软实力；同时，参观者还可以进一步了解慈溪历史、锦堂学校的建筑艺术，感受爱国华侨的感人事迹，从而真正保护和传播吴锦堂文化遗迹所承载的民族精神。该栏目设计建议包括吴锦堂文化遗迹主要景点、美食、住宿、门票、气候、最佳旅游季节、最佳旅游时间等等。

二、微博设计

微博是微型博客的简称，其实质是博客。发布微博时，用户不必坐在电脑桌前，通过联通网络的手机便可移动发送文本、图片和视频，具备4A元素（Anytime、Anywhere、Anyone、Anything），其特征为文本碎片化、半广播半实时交互、自媒体、草根性、个体化和私语化。[①]根据数据显示，2010年前后是微博发展的蓬勃时期，2018年的上半年，中国微博用户规模为3.37亿人，相比2017年末增长2140万人，微博用户数占全部网民数量的中42.1%。其中，在手机微博方面，据数据显示，2018上半年中国手机微博用户已达3.16亿人，相比2017年末增长2923万人，收集微博用户占手机网民数量的32.6%。近年来，随着智能手机技术的快速完善，人们对手机依赖度的提高，越来越多的工作、娱乐、交际等都可以在手机上完成。2018上半年使用手机微博的用户数量达3.16亿人，而全国微博用户规模为3.37亿人，占比高达93.5%。[②]

目前，受以微信为代表的社交平台冲击，微博用户虽有数量变化，但变化幅度不大，仍然是重要的社交平台和信息发布平台。鉴于微博迅速地传播速度和巨大影响力，很多团体和机构纷纷建立了各自的微博，并经过认证后建立其官方微博。

[①] 孙卫华，张庆永. 微博客传播形态解析 [J]. 传媒观察，2008（10）:51-52.
[②] 中商情报网，2018上半年中国微博用户数据分析：全国微博用户数达3.37亿，https://baijiahao.baidu.com/s?id=1609401912415005663&wfr=spider&for=pc

2012-2018 年中国微博用户规模及使用率情况

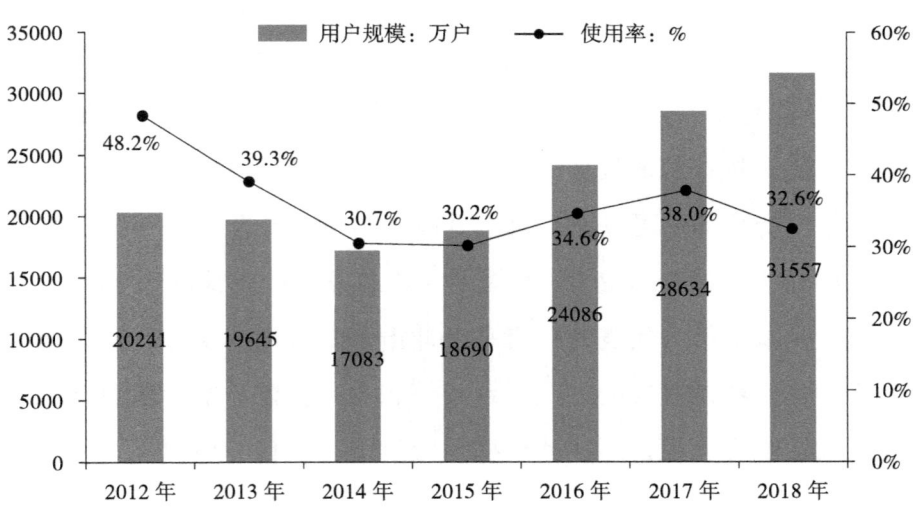

2012-2018 年中国手机微博用户规模及使用率统计

官方微博的注册与认证相对简单容易。吴锦堂文化遗迹官方微博注册并认证后，要做好后期的日常管理与维护。吴锦堂文化遗迹官方微博的日常核心工作主要有两项：一是及时发布权威信息，包括吴锦堂文化遗迹在行政、科研、景区建设等方面的最新动态，对于某些重要信息可以置顶。二是及时与粉丝互动，回复粉丝在微博上的留言，以增加微博人气。

另外，吴锦堂文化遗迹官方微博可以增加其学术性。除了发布文化遗产的美景照片外，还可以把遗迹中较为珍贵罕见的航拍图或吴锦堂相关最新研究成果上传分享至微博。目前，学术性的微信公众号较多，官方微博号较少。因此，在微博中增加学术性，多发布与吴锦堂文化遗迹相关的学术微博，逐渐形成吴锦堂文化遗迹官方微博的特色。

建议吴锦堂文化遗迹官方微博设计增加其趣味性。目前，官方微博主要表现在两个方面：一是有大量以吴锦堂文化遗迹为主题的、有代表性的图片；二是经常发布充满正能量的励志名言、养生之道以及生活常识等。如果继续增强吴锦堂文化遗迹官方微博的趣味性，则须在上述工作的基础适当增加视频连接，把已有的关于吴锦堂先生和锦堂文化的视频剪辑后，分成小段发布在微博上，还可以把三维动画、虚拟动画视频资料发布在官方微博上，以供广大粉丝观赏。

在增加吴锦堂文化遗迹官方微博和粉丝的互动方面，可开展锦堂学校票"十大美景"、"锦堂十大感人事迹"等评选活动。由网民在微博上投评选，从中随机抽选若干幸运网友给予一定奖品，如吴锦堂文化遗迹相关纪念品、锦堂职高学生作品等等。与此同时，也达到了为锦堂文化精品内容宣传的目的。

河南博物院微博（网页版）

第八章　吴锦堂文化遗迹数字化传播方面的技术

河南博物院微博（手机版）

三、微信设计

微信（WeChat）是腾讯公司于 2011 年 1 月 21 日推出的一个为智能终端提供即时通信服务的免费应用程序。微信支持跨通信运营商、跨操作系统平台通过网络快速发送免费（需消耗少量网络流量）语音短信、视频、图片和文字。同时，也可以使用通过共享流媒体内容的资料和基于位置的社交插件"朋友圈"、"摇一摇"、"公众平台"、"语音记事本"等服务插件。微信推荐使用手机号注册，并支持 100 余个国家的手机号。2019 年 1 月 9 日，作为移动网络最大社交巨头，微信公布了 2018 年的数据报告，用户月活跃人数基本保持在 10.8 亿上下，每天约有 450 亿条消息通过微信传输，4.1 亿音视频呼叫成功，视频通话比以往增长 5.7 倍。与此同时，越来越多的人因为使用微信过上了更加智慧的生活。比如：每个月使用微信搭公交地铁的乘客，比 2017 年增加 4.7 倍；每个月使用微信高速出行的人数，比 2017 年增加 6.3 倍；每个月使用微信零售消费的买家比 2017 年增加 1.5 倍；每个月使用微信吃饭买单的食客比 2017 年增加 1.7 倍；每个月使用微信支付医疗费用的人数比 2017 年增加 2.9 倍。微信俨然已经成为一个庞大的社交帝国。

微信用户的快速发展及大量活跃用户的存在，为微信公众号的推广和普及奠定了坚实的用户基础和市场基础。微信公众平台与官方网站、官方微博不同，具有用户黏性高、忠诚度高等自身特点。如果运营公众号具有一定的质量保障，微信用户就不会轻易取消关注公众号，并且还有可能随着使用时间的延长，用户量会逐渐增加，甚至在运营良好的情况下，用户量还可能呈直线增长。因此，无论营利性的企业和媒体，还是颐和园、明十三陵、巴金故居、潞河中学等文物单位的非营利机构，均推出自己的微信公众号。

第八章 吴锦堂文化遗迹数字化传播方面的技术

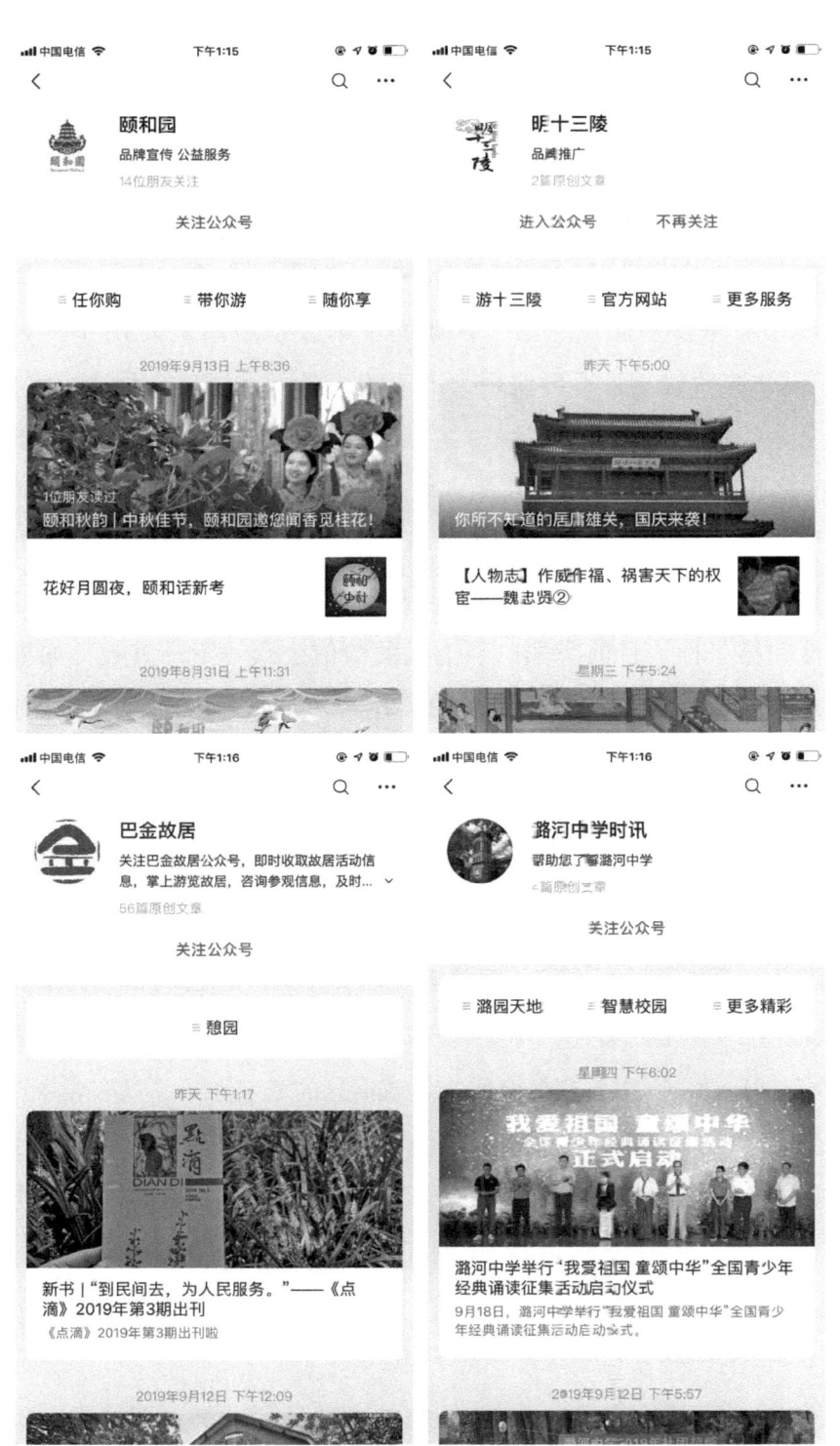

颐和园、明十三陵、巴金故居、潞河中学等微信公众号

官方微信公众号的申请也不复杂,但是要运营好吴锦堂文化遗迹微信公众号需要把握以下几个核心原则:

第一,时效性原则。所谓时效性原则是指公众号内容的更新速度、更新周期。时间性强的微信公众号受关注度高于时效性弱的公众号。目前,有很多微信公众号推出后,除初期有更新外,后期则完全置之不理。"原地踏步"如同微博中有许多"僵尸"用户,他们申请公众号可能是出于一种"赶时髦",开通微博后就几乎不再使用,不清楚或者不重视公众号这个宣传平台。这类公众号的推出实际效果甚微,甚至会因其时效性弱而给用户留下不好印象,从而产生负面影响,前功尽弃。

第二,精品性原则。所谓精品性原则是指公众号中的文章或信息要具有一定的权威性、可读性,有较高的点击率,确保公布的文章或信息具有一定的收藏性和推广性。目前我国已经上线的微信公众号不计其数,如果其中文章或信息质量难以达到用户的期望值,用户可能取消关注或降低阅读次数,从而影响宣传效果。

第三,多样性原则。所谓多样性原则是指公众号在推出信息和文章时,形式内容多样化。在内容方面,既要包括历史文化、传奇故事、美丽风景,又要适当超越上述内容,比如学术会议概况、最新科研成果或最新进展等相关文章或信息。还可以适当推广与锦堂职高性质相同或相近的相关文章或可读性强的内容。在表现形式方面,除了传统的文字和图片形式外,还可以适当推出部分视频或3D动画,以丰富公众号文章或信息的表现形式。只有表现形式和内容丰富多样,时时更新,走多样化道路,才能吸引越来越多的用户关注吴锦堂文化遗迹的公众号,从而达到保护、传承和发展吴锦堂文化遗迹的目的。

四、App 设计

3G移动互联网的普及以及4G网络技术的迅猛发展,不仅正在改变着大众的日常生活,也在改变各行各业的发展方向。当然,文旅业内也受到了移动网络的深刻影响，App 技术也正是在此大背景下应运而生。近年来，随着移动终端的高速发展，各类文化遗产、名胜古迹的 App 俯拾皆是，如每日故宫、听游圆明园、秦始皇陵博物馆等，许多重要文化遗产、著名文旅景点或景区均通过 App 来宣传自己，成为移动网络时代不可阻挡的发展趋势。吴锦堂文化遗迹也要适应这种趋势和潮流。吴锦堂文化遗迹制作 App，需要注意以下几个问题：

第一，确定锦堂文化遗迹 App 的主题与功能。吴锦堂文化遗迹虽然融合了人文景观和自然景观，涵盖了教育、历史、民族精神和建筑等诸多内容，但是，其核心要素是近代职业教育的典型代表和开端，反映了近代中国华侨的教育兴邦、实业救国的智慧，折射出中华民族自强不息的民族精神。这也是吴锦堂文化遗迹 App 要表达的主要内容。

第二，设计锦堂文化遗迹 App 界面。通常情况下，大致可包括以下内容：景区概况、景区导游、景点列表、景点攻略四个基本栏目。除此之外，也可依据各文化遗迹的特点设计出一些具有特色的栏目。吴锦堂文化遗迹的 App 界面内容里，设计的景区概况主要介绍吴锦堂文化遗迹的基本情况，吴锦堂文化遗迹的价值与意义；景点列表是吴锦堂文化遗迹 App 的核心内容；景区导游主要是通过地图形式介绍遗迹的分布情况和游览路线；景点攻略的主要内容是门票、交通路线、美食、住宿等；特色栏目可以设锦堂学校建造及教学场景的三维动画等。

第九章 吴锦堂文化遗迹数字化信息服务方面的技术

十九大报告提出,我国社会主要矛盾已经转化为人民日益增长的美好生活需要和不平衡不充分的发展之间的矛盾。随着数字化时代的到来,新兴科技与文化深度融合,公众接受文化信息的方式发生了巨大变化,传统的文化遗产社会服务供给已经难以满足人民群众多元化、个性化和层次化的精神文化需求,亟须通过数字化信息技术与平台促进文化遗产社会服务供给侧的结构性改革,将提高供给服务质量和效益作为主攻方向,实现精准化供给,用数字化促进文化遗产社会服务供需的高效对接,保障公民的基本文化权益,让人民过上更加美好的生活。

一、数字化信息检索服务

信息技术革命拉开了数字化时代的序幕,人们也迈向了数字化生活。一般而言,数字化是指将客观事物(信息、信号)抽象、转变为一系列二进制代码,形成"比特"(数字0和1),并对其进行加工、存储、处理、表现、展示和传播的过程[①]。数字化具有跨时空、虚拟现实性和复制成本低等特点。数字化技术能实现图文声像与数字信息的相互转换,能方便地修改、编辑、存储和删除资料信息,并实现对数字资源的高速传输、快速精准检索和跨时空共享。公共文化资源与服务的数字化是指以满足公众基本文化需求为

---

① 赵东. 数字化生存下的历史文化资源保护与开发研究 [D]. 济南:山东大学,2014.

第九章 吴锦堂文化遗迹数字化信息服务方面的技术

目标,各类公共文化机构如图书馆、文化馆和博物馆等,通过三维技术、虚拟现实技术、数字图像技术、多媒体技术、数字内容管理与发布技术、3S技术(RS遥感技术、GIS地理信息系统和GPS全球定位系统)和宽带网络技术等数字化重点技术,对公共文化资源进行数字采集、处理、保存及管理,并依托网络云平台与实体空间的设备终端,实现公共文化资源与服务的共享与传播。精准化是一种创新的管理模式,源于科学管理理论中的"精细化管理"理念[①]。

因此,所谓以数字化促进文化遗产社会服务功能的精准化就是指通过数字化技术,对文化遗产资源进行数字化处理,并依托网络云平台与实体空间的设备终端,以公众文化需求为导向,精准供给文化遗产社会服务,从而实现公众需求对接和服务的精准供给。

(一)吴锦堂文化遗迹信息检索

根据《文物保护法》和《文物保护法实施条例》的要求,吴锦堂文化遗迹已初步建立起四有档案的基本框架,对资料档案进行了广泛收集、系统归纳、科学分类,并依托遗产监测预警管理平台,及时将纸质档案资料电子化后录入了平台,为加快实现监测管理平台的档案数字化信息检索打下基础。

在吴锦堂文化遗迹的相关资料和档案的保护和整理过程中,首要任务是把一些可以集编入库的资料都以数字化形式保存下来。数字化信息积累着知识,保存着人类文化遗产。在时间上的传递,实现了世代之间的科学、文化的继承和发展;在空间上的传播,促进了同代人之间的信息、文化、技术的交流和沟通,推进了知识、信息资源共享,加速了知识的创造,推动了社会的发展。

在尽量把信息都集编入库以后,运用现代化手段做好信息集编入库的储存和交流工作,如运用声像型文献(也称视听型),使用电、磁、声、光等原理、技术将知识、信息表现为声音、图像、动画、视频等信号,给人以直观、

---

① 汪中求. 精细化管理[M]. 北京:新华出版社,2005.

形象的感受。相比文字信息而言，人们更容易乐于接收视听信息。文化遗产利用数字化技术保存相关信息，并借助网络传媒有效传播，将对自身永久传承、信息便捷检索起到积极作用。

（二）锦堂学校校友档案检索

校友工作的重要职责是服务校友、服务学校，为校友与学校之间搭建感情沟通的平台。由于历史和体制的原因，锦堂学校的校友工作长期处于自发状态，未能得到有效管理，故此校友工作也未能得到较好发展。传统意义的校友档案，是记录校友在校时的简单学籍材料和工作后的通信信息。然而，校友（仅指学习和学习过的人）是学校的"教育成果"，不仅要记录他们在校时的学习情况，还要对其学成离校后的生存情况、工作情况以及校友联络信息进行记录；因此校友档案的内容应该扩大成为校友终身制的"成果档案"。如何建立、管理和使用学校校友档案是一项庞大的系统工程，是一项围绕校友档案价值开发与管理的工作，涉及学校工作的方方面面。为系统高效、合理有序地管理和使用校友档案，应结合国情和学校改革现状，并借鉴国外较成熟的做法，从以下几方面着手：

1. 强化校友档案意识

美国是一个把学校校友档案管理工作放在相当重要地位的国家，其校友档案管理和事业发展水平较高。有的学校甚至成立一个由十几人组成的部门，专门收集和采集与校友相关的信息资料，包括家庭成员的信息资料，并做好系统的实物和数据保存管理。因此，要增强学校和校友们重视校友档案的意识，向师生和校友们宣传跟踪校友情况并服务校友时档案的重要性。

此外，建议在传统校友档案中增加部分新内容的原件或其电子文件，具体内容如下：

（1）补充校友在校时学习情况方面的学籍档案材料。主要包括：反映校友入学前文化和专业程度的毕业证、代表作品和论文；入学时专业考试的评分试卷、文化统考成绩单、准考证、录取通知书；学习期间，有老师评分和评语的每科考试试卷、毕业作品以及具有重大影响的作品、论文和重要奖项，还有参加各类活动获得的证书、学习日记和创作体会等等；学习和活动时的经典照片。

（2）补充校友走入社会后的工作事业方面档案材料。主要包括：各种联系方式，特别是固定的QQ号、微博、微信和电子邮箱；个人简历、表、自传、工作日记以及创业经验；全部创作作品、论文著作、科研成就及重要的工作建议或是教学讲义；重大影响的作品及其小稿；资料以工作期间荣获的各种证书；不同年龄阶段工作和社会活动中的经典照片；相关社会关系的表格材料等；校友及其家庭成员与学校的重要联系情况，如捐赠母校、进修学习情况等。

学校档案部门和校友管理部门要制定合理的管理制度，制定人性化的管理办法。校友档案要求全部数字化并录入数据库，不同载体按照不同的要求归类存放，但其全部材料的电子文件、目录及实物的简单说明，要与纸质档案材一起归档到综合档案室，确保统一的分类方法和管理。数字化目录注意与数据库建立相互的链接，以便后期的检索和利用。

2. 建立健全校友档案

材料收集管理工作机构和队伍　成立校友档案管理小组。由校友办公室成员、校友总会理事成员（即各分会会长）、各分会秘书长、校内外的校友工作志愿者、院系档案主管领导和兼职档案员组成。没有成立校友会的，最初可以联络热心校友建立各地区或各专业院系的联络工作站。

3. 有耐心、有计划、有程序的收集校友档案

建立校友档案最困难的工作是收（征）集材料。校友在校时的部分材料内容可以较快采集完成；校友离校后天各一方，其档案实物材料的收集工作却很难实现，只能以收集扫描件或其电子版本为主。但是，收集其电子材料也是需要发动各方校友力量的，并且通过网络传送而至，同时还要对其档案真实性进行鉴别，考虑今后的利用和保密问题。因此，必须制定严格的操作办法和相关规定。

4. 遵循"联络—服务—开发"的共赢模式

建设"一刊一网一库",构建联系校友的信息网络平台,是做好开发和管理校友档案工作的基础。"一刊"是指校友通讯(或校友工作简报、校友杂志),主要刊载学校或校友新闻、校友业绩、风采及各地校友会动态专访等。"一网"是指学校校友网站,不仅可以提供学校动态、校友新闻、校友业绩和风采,还可以在校友登记注册区,按班级或专业分类管理,收集校友通信信息和档案材料,增设网上留言板和聊天室等。"一库"是指校友数据库中可以储存一切校友档案的翔实数据资料。

二、数字化信息报道与发布服务

众所周知,企业文化与校园文化存在较大差异,很多学生在"顶岗实习"时难以适应企业文化。为了促进校企合作的稳定性、长期性,急需促进双方的文化对接,形成战略协同效应。在数字化背景下,一方面,职业院校要将企业文化渗透到校园文化中,大力宣传校企合作的相关信息报道,努力推动企业文化进课堂,让学生树立服务意识、竞争意识,更好地适应企业文化对人才的需求;另一方面,企业应积极参与校园文化建设,将企业文化精神传播到校园之中,定期发布招聘信息,寻求学校师生对企业文化的认同,提升企业在职业院校师生心中的形象。校企业双方要寻找文化的相似点,努力夯实校企合作育人的文化基础。

(一)校企合作信息报道

职业院校的人才培养目标决定了职业教育必须进行产教融合、校企合作。从利益相关者的视野下,对校企合作的各利益相关者进行诉求分析,并明确当前我国职业教育校企合作运行机制存在问题,有助于构建校企合作长效机制,推动校企合作的顺利进行。职业教育是培养能够适应产业发展的技能型人才,满足地方发展对人才的需求,而开展校企合作则有助于技能型人才的

第九章 吴锦堂文化遗迹数字化信息服务方面的技术

培养。将高素质人才输入社会，有助于提高当地人口素质，推动产业升级发展，维护地区稳定，促进区域经济发展和社会进步。因此，校企合作的数字化信息报道就成了双方沟通的重要方式。

如果要将各种相关校企合作新闻的生产资源整合在一起，则需建立一个统筹各传播载体的策划、发布和编辑平台。这个核心平台，就如同一个指挥部，各种信息都在此汇集、分派，以最少的成本，实现对信息资源最大限度地整合和开发利用。我们可以借鉴报业集团实现转型的一些成功模式，如建立"全媒体新闻中心"借助已经形成的采编队伍，将所有记者集中起来，形成内部的"通讯社"，并在此基础上对现有记者队伍进行培训，将文字、摄影、摄像技术融为一体，既可以为各媒体提供特定稿件服务，又可以实现信息资源共享。一改过去单向、单一的平面报道形式，将网络的广度、报纸的深度、手机的速度融为一体，共同搭建全新的数字化信息报道平台，形成全时段、立体化的信息传播中心。

虽然，近年来我国职业教育的发展速度加快，职业院校的办学水平有所提高，但是与企业要求相比还存在一定差距。因此，通常情况下，职业院校的自身吸引力不强。第一，职业院校的专业设置和课程结构尚未建立动态调整机制，不能按照企业对人才需求的变化及时调整，人才培养目标存在滞后性。第二，职业院校科研能力较差，缺少一支"双师型"教师队伍，人才培养质量不高，直接影响到企业对校企合作项目的评价，校企合作缺乏稳定性。[1]第三，校企合作的形式较为单一，多数是进行学生的"顶岗实习"，合作形式缺乏创新性，难以吸引企业参与校企合作。第四，职业院校的社会影响力和社会认可度有待提高。面对上述现状问题，数字化信息报道平台无疑将会发挥巨大作用，企业在寻求合作伙伴时更倾向于社会影响力较大的学校。因此，职业院校的数字化报道平台应不断努力提升自身文化影响力，从教学质量出发，输出更多高素质的人才，为自身树立良好的口碑，吸引企业主动

---

[1] 孔珊.职业教育校企合作的多维度博弈、冲突与治理[J].职业技术教育，2018（24）:39-44

寻求合作。

（二）招聘信息发布

在新时代背景下，大学生就业压力的增大已成为不争事实，从而为大学生就业信息资源的服务带来了广阔的发展空间。作为衔接大学生与社会企业联系合作的服务媒介，应同时考虑大学生就业需求与社会各界用人单位的人才需求，通过这种学校信息资源服务的创新模式，实现双方的无缝对接，从根本上提升当前学校信息资源服务模式的创新性、有效性和长期性，使大学生和社会各界真正从中受益。数字化背景下的招聘模式可以解决许多传统招聘问题，比如在 2011 年至 2018 年的互联网背景下的雇主规模是 100 万人，近两年其规模开始逐渐上升并已增长至 400 万人，求职者规模也从最初的 8621 万人增加到当前的 1.742 亿人。根据统计数据，数字化环境下招聘市场的规模形式仍在稳步增长和扩大。随着互联网的普及，校企信息资源服务的创新模式具有很大的发展前景。

数字化招聘模式与传统招聘模式相比，充分利用了移动互联网便携、快速的特点。数字化招聘信息发布平台的专业定位测试，不仅可以为毕业生提供职业培训和工作体验，还可以通过现场模拟的方式，帮助毕业生深入了解不同职业的情况，对个人理性择业提供有效参考。从信息资源服务的角度可以将测评关口前移，为职业倾向测评提供服务，帮助大学生在择业过程中更加理性；同时，在大学成长过程中需要不断追踪和收集与其职业发展相关的信息，从而形成"个人成长档案"，为人才测评的采集基础数据。这种基于大数据分析技术的人才评估模式将大大提高评估的可靠性和有效性。例如，校方招聘管理部门可以通过建立相关数据库，将雇主和申请人的真实信息保存其中，避免虚假信息和非法行为，确保双方信息的真实性；对于某些申请人的非法行为和负面就业行为，可以通过设置适当的服务费用加以控制，不仅可以减少资源浪费，还可以提高数字化环境下学校招聘的服务水平。

第九章　吴锦堂文化遗迹数字化信息服务方面的技术

以往企业招聘评估方法的差异化和有效性将会大大降低企业人才招聘工作的效率，而在数字时代背景下，每个人都是开放和透明的，申请人可以收集相关专业招聘信息并仔细研究评估，从而获取求职经验，准确预测年度测试，使自己能够在求职面试中脱颖而出，取得理想的考试成绩。此外，申请人也可以通过心理测试类型的分析，实现自己与目标位置的完美匹配。就业管理服务平台只有不断发展科学的评价技术，及时更新评价方法和试题，才能满足未来就业的业务环境，确保企业人才招聘的正常运行，适应管理服务模式的变化。

三、数字化信息咨询服务

目前，职业教育日益受到国家的重视，各项工作不断向前稳步推进；因此，锦堂学校数字化信息咨询服务平台的建设，将会很快迎来发展的春天。锦堂学校通过不断加大资金投入，扩展了专业知识信息资源，自建和购买了许多特色资源库、大型中外文数据库，并且加入了本省地区馆、全国图书馆参考咨询联盟等合作咨询系统，使文献保障率和信息解决能力均得到较大提升。如今的锦堂学校专业知识服务内容丰富，门类相对齐全，档次和质量都有很大提高，极具自身特色。这些门类完整且专业性、实用性都很强的信息资源为锦堂学校高质量的信息咨询服务奠定了物质基础。

锦堂学校拥有与众不同的专业特色与学科重点，汇集了某些领域的专家、学者乃至经验丰富的一线工作人员，为其信息咨询服务提供了重要人力资本。同时，随着国家高等教育的迅速扩大并发展，研究生和博士生的培养数量大大增加，锦堂学校也引进了一大批高素质、高学历、多学科、多专业的专业人才，不仅为其专业知识服务带来了新鲜血液和前进动力，也为平台的信息咨询服务补充了人力资源。

虽然锦堂学校的专业知识服务在某些专业资源上具有自己的特色，也为用户提供了某些较好的信息咨询服务，但是我们应该清醒地认识到，锦堂学校在人才资源、技术力量、信息时效性等方面与咨询机构、普通高校间还存在着明显差距。锦堂学校的信息资源基本是以学校专业设置及教学需求为主，信息范围有限，不能符合大多用户的信息需要；同时，锦堂学校还没有向社会开展咨询服务的能力，即使提供了某些社会服务内容，也属于较低层次的服务，对信息资源的深层次加工不够。如果学校要想在充分保障校内师生信息需求的前提下，不断向前推进，开展社会化服务，就要积极改善自身在信息资源、咨询人员等诸多方面问题。

互联网时代，信息咨询工作已经被定位为知识服务平台的核心工作，拥有其他服务无可比拟的作用。锦堂学校应该高度关注工作开展，提高服务意识，思考如何提升信息咨询服务水平，从而保证信息咨询工作取得令人满意的效果。

（一）建立自己的特色专业资源

锦堂学校的信息咨询服务水平如要得到提升并有长远发展，就要开展有别于其他学校的特色咨询服务。然而，该目标的实现，需要锦堂学校拥有自己特色的专业资源，并且可以利用这些特色资源为学校的科学研究、改革管理以及社会上有需求的企业提供相关咨询服务。具体思路如下：

第一，确定特色资源建设范围。锦堂学校如果想准确的划定什么是本平台的特色资源，首先要搞明白学校自己的特色专业与学科，平台主要是为学校服务的，其特色资源必然要代表学校特点。在此基础上，再对现有信息资源情况进行详细调研，深入了解学校特色专业与学科的相关类型、数目、使用等内容。同时，还要了解同类院校的重点专业及所建资源库特点，为特色资源实施方案的编制提供参考资料。然后，综合考虑学校的学科特色和资源现状，并结合读者需求情况及原则，制定特色资源建设的目标、规划以及分布等。最后，还要定期对特色资源建设进行评估，采用统一的标准和方法，利用数据库对锦堂学校特色专业知识服务平台建设和使用的情况进行定量和定性分析，找出存在的问题，不断完善。

第九章 吴锦堂文化遗迹数字化信息服务方面的技术

其次，合理规划信息资源采购。由于实际经费紧张，锦堂学校如要采购更多的信息资源，就需要"开源"和"节流"。所谓开源，通常可以做到的是拓宽思路，争取更多的经费投入。所谓节流，就是要科学规划各种信息资源采购。

最后，建设数字化特色资源。互联网环境日新月异，处于大变革大发展时代的专业知识咨询服务要想获得长远发展，必须顺应时代潮流，在网络世界找到自己的位置，开辟新的发展空间。锦堂学校应把自己的特色专业资源数字化、网络化，使其成为网络环境下增强竞争力的重要内容。特色资源数字化最简单的办法，是把自己购买的电子图书、全文数据库、教学课程和经验以及在网络找寻到的免费资源进行重新整合。

（二）拓宽现有的信息咨询服务

第一，要深化信息咨询服务内容。目前，信息源的种类日益丰富，载体形式越来越多，用户为了应对复杂多变的信息资源环境，越来越频繁地向信息咨询人员寻求帮助。为了满足用户的要求，专业咨询人员就需要依靠丰富的信息资源和先进的检索工具，运用个人在信息整合和检索方面的技能，提供丰富多样、实用有效、内容翔实且经过整合的信息。面临咨询服务对手，锦堂学校如要占据一席之地，就必须依据学校专业特色，明确发展定位，深入扩展信息服务内容；同时，这也是锦堂学校在飞速发展的网络环境与日新月异的信息资源环境中增强自己生命力和竞争力的关键一环。

锦堂学校在提供新书荐读、代查代译等服务时，必须要对已有信息资源进行深层次整理，加工成类似信息简报、咨询报告、课题研究等二次文献，还可以尝试构建特色专业库以及提供分类化的网上资源。此外，锦堂学校可依托充足的专业知识资源和高质量的学科人力资源，对搜集到的前沿动态、科研成果、关注重点等专业学科等信息进行资源整合。为用户提供某些预测类的信息。以预测某专业的发展方向为例，用户能够依据整合后资源深入了解本专业目前的成长状况和阶段，及时对自己本专业的研究进行调整。

拓展后的信息咨询服务内容应该包括：事实性咨询服务、专题咨询服务、定题服务、科技查新服务、个性化服务、用户培训服务等。其中，事实性咨询服务即是过去常见的咨询服务，用户提出实际问题，咨询人员提供问题答案；专题咨询服务即是根据用户某个专题需求，整合相关信息，提供给有需求的用户；定题服务即是针对用户特定研究课题，持续主动为用户提供最新相关信息的服务；科技查新服务即是为用户检验其项目是否具有创新性的服务；个性化服务即是根据用户设定，向用户提供和主动推荐所需信息的服务；用户培训服务即是为用户提供信息利用、检索技能以及用户信息素养等方面的服务。

第二，锦堂学校应积极运用各种现代网上科技及服务平台，开拓创新信息咨询服务方式，提升信息咨询服务水平。由于信息咨询用户的普遍心理都是喜欢省心省时省力的简单获取信息，因此锦堂学校应该向外扩展，利用各种信息渠道主动融入咨询用户的信息交流网，采取网络导航、信息主动推送、实时在线咨询等方式，以便捷、直观、生动的服务吸引咨询用户关注。其中，在实时在线咨询方面，应该充分利用微博、微信这种简洁、及时、全天候的新形式来开展服务。

拓展后的信息咨询服务方式应该包括：网络信息检索服务、交互式网上咨询服务、信息导航服务、社会化信息服务、动态性信息服务、个性化信息服务等。网络信息检索服务即是指通过构建网上用户检索系统的方式，帮助本站在线用户精确获得和有效使用信息咨询；交互式网上咨询服务即是指通过表单咨询或实时咨询等方式解决用户的信息需求；信息导航服务即是指咨询服务人员将繁杂的信息整合为有序的信息，并为用户提供最优查找路径的一种导航服务；个性化信息服务即是指集成用户所有信息的个人主页，依据用户需要，提供相应信息栏目，使用户建起自己的信息资源库。

第三，针对用户多样化的信息需求，锦堂学校可以不断开拓信息咨询服务的新战场。目前，国家信息化进程不断向前推进，农村企业、城镇企业和中小型企业已成为信息咨询的新市场。锦堂学校可以利用自身资源，发挥人员优势，为相关企业提供信息咨询服务，传送最新的科技信息、农产品销售信息或者城镇发展趋势的各种信息，从而改善农村科技落后、信息缺乏的状况，促进农业农村工作不断向前迈进。信息咨询服务新战场的不断开辟，可以满足各种用户日益多样化和个性化的信息需求。

综上所述，无论是服务内容的深化，还是服务方式的创新，亦或是服务领域的开辟，锦堂学校信息咨询服务拓展的目的就是为用户提供多样化服务，节约最多的时间，实现资源与服务的最大效益，从而达到锦堂学校和用户的双赢，提高学校信息咨询服务水平。[1]

四、数字化网络信息服务

随着社会的不断发展和计算机技术的不断进步，数字化校园建设必将是一种发展趋势。在新的时代背景下，学校管理所做出的数字化校园改革，经过实践证明，是完全适合校园建设和发展的，校园管理将会更加准确高效，并且可以较大范围推广使用。数字化校园建设是在传统校园的建设基础上，利用互联网技术构建一个数字化的空间，如日常教学、各种管理、科研教学等一些学校工作都会经历一个数字化的过程，各种信息得以被校内师生共享。这不仅有效地提升了校园工作的效率，方便了师生的生活，而且便于信息的储存和共享，提高校园信息的利用效率，扩展了学校功能，使教学质量和科研水平都得到了极大的提升。

（一）建设校园信息服务平台的意义

首先，信息服务平台建设有利于资源的共享。信息服务平台是由多个系统组成，并且系统之间互相独立。合理的整体规划可使这些信息资源共享，在一定程度上提高系统的实施效率，降低管理难度，简化实际操作，实现中心式的统一配置和管理；同时，对具体管理人员的技术要求也相应地降低，

---

[1] 张雪莉. 高职高专图书馆信息咨询服务研究[D]. 郑州大学，2015.

简单易上手。

其次，信息服务平台建设可以提供实时数据访问能力。用户可以通过一些系统对数据库进行直接访问，并可实现一个接口对多个数据库的同时访问，充分保证了数据的精确程度以及与业务数据的有序衔接，达到同步的目的。新业务的开发也会因及时捕捉到的数据变化而得以简化，使用户的感知得以强化，为在校师生提供主动的个性化服务。

比如，每年开学之初，由于所有新生入学的各种数据和报表不能在短时间内及时处理，所以往往需要安排多个部门共同配合完成此项工作。如果校园信息服务平台建立，就可以在很大程度上缓解这个问题。学生可以提前去学校官网查询入学之初需要注意的事项，也可以将个人信息自主录入，为每年的学校迎新工作节省时间、提高效率。

（二）数字化校园信息服务平台的系统构架

数字化校园信息服务平台的构成主要包括四个部分，它们相互配合，共同完成数字信息化工作。

1. 基础设施

基础设施是一个笼统概念，其设置目的主要为了实现数据共享以及解决信息服务出现的多元化问题。就数字化校园信息服务平台建设而言，基础设施不仅主要包括校园内的数据网络及其服务器系统，还包括电子阅览室、多媒体教室等和信息网络等相关的场所。

2. 网络基本服务系统

目前，校园内最常用的是因特网服务；在特殊情况下，也会应用实现上层网络所依托的基础服务系统。由于数字化校园建设需要依靠互联网技术的支撑，因此网络基本服务系统要尽可能保持完善的功能。如今每个学校都建设有校内网，主要目的即是阻止校外网络入侵，保障网络安全运行，以及防止校内信息外泄。

3. 应用支撑系统

第九章 吴锦堂文化遗迹数字化信息服务方面的技术

应用支撑系统是校园数字化建设所需要的一个特别系统，处于整个数字化建设过程中的核心位置。它的主要任务是解决学校的业务逻辑和信息服务需求，在办公、管理、数字图书馆和网络教学等系统中发挥着极为重要的作用。比如，在数字化建设过程中，每个学校都会设置各种管理系统，其中教务管理系统就包括了学生成绩的查询、考试信息、专业学习规划等等。

4. 信息服务系统

信息服务系统是直接面向用户的，可以为用户提供一个统一的界面；其中包含有发布、查询、决策支持等多个系统。该界面最大的用处则是综合获取各种应用系统的服务，保障用户信息应用最大化。就当前形势而言，我国已有许多学校开启了数字化建设，但是由于技术水平的限制，所以建设活动还存在着很多的问题。只有将这些重点问题进行合理解决，数字化校园信息服务平台的建设才会从根本上得到提高。

（三）数字化校园信息平台的内容建设

数字化校园信息平台建设的目的主要是为了学校管理工作更加便捷高效，并且提高信息共享和利用的程度。数字化校园信息平台的核心是信息服务系统。在校园公共网络的支持下，学校各个部门之间有了一个协同办公的环境，对建设办公自动化系统带来了很大的便利。

1. 教务管理系统

在学校的发展过程中，教务管理系统与学生的发展息息相关。因此，通过信息服务平台的建设，教务管理系统的管理模式将会更加完善，可以涵盖学生上课的各个方面，并且教学信息也会更加准确、高效。

2. 人事管理系统

人事管理系统对于学校的教职工来说非常重要。通过信息服务平台的建设，专门的人事管理系统不仅有利于教职工自查相关信息，还可以对教职工的档案资料进行数字化存储，非常方便学校对教职工的管理。

3. 财务管理系统

财务管理系统对于教职工的工作规范和工资标准都起到了十分重要的作用。根据信息服务平台的设计，将会对教职工提出具体的工作要求和显示详细的工资明细，建立合理的奖惩制度，并且使工资和奖金福利的发放，业务支出的报销得到系统的管理，从而激励教职工们更好地开展教学工作。

4. 学生管理系统

由于职业技术院校人数较多，且学习的内容较浅，所以学生管理要更加全面化。为了便于相关管理，信息服务平台可以设计制定了多个统一的管理标准。

5. 生活服务管理系统

针对学校日常生活而言，数字化校园建设可为师生的校园生活带来极大的便利。比如学校里常见的校园一卡通，师生只要一张IC卡，就可以在学校里很方便地完成与身份相关的任何活动。其中，网络计费在网络管理中占据了相当重要的位置，既对网络数据流量监控起到了重要作用，而且对网络路由的合理分配也做到了有效调节。

6. 图书馆管理系统

信息服务平台在图书管理系统中也可得到广泛的应用。不仅有利于数字图书馆的建立，使图书管理工作更加系统化、程序化，而且最大程度方便了读者的借阅。随着信息服务水平的发展，平台建设将会更加完善，学校图书档案管理及相关工作等也将发挥出更大的作用。

目前，相比传统方式而言，校园数字化信息服务平台建设这项事业更有利于学校的发展，每所职业技术学校都应重点关注。不仅要充分利用，而且要依据技术水平的不断提高对系统进行持续更新，使其更好地服务于学校管理和师生生活。在很大程度上，数字化校园建设提高了学校管理工作的效率，方便了校内各种信息的存储和归档，因此我们应该在全国范围内更广泛地推广此项技术工作，促使信息服务平台的设计更加的科学合理。

第十章　数字化背景下吴锦堂文化遗迹社会服务功能的展望和建议

一、展望——搭建学、研、产、用数字平台，促进资源与当地数字经济接轨

数字经济是人类社会发展出的一种新的经济形态，现已成为全球经济发展的新动能，在全球经济发展中占据着重要位置。不少国家和企业积极发展数字经济，全力抢占促进经济增长的新高地。相比以土地、劳动力和资本作为关键生产要素的农业经济和工业经济，数字经济最鲜明的特点就是以数据作为关键生产要素，其提升全要素生产率和优化经济结构的核心驱动力是有效的运用网络信息技术。

近年来，我国数字经济获得了高速蓬勃发展。根据数据统计显示，我国于2017年的数字经济规模已达27.2万亿元，占GDP比重的32.9%，跃居世界第二。随着大数据、云计算、物联网等新一代信息技术取得的重大进步，新的人工智能应用场景被不断地开发和挖掘，数字经济与传统产业已深度融合，成为了引领全国经济发展的强劲动力。与西方发达国家不同，我国数字经济发展具有自身特点，即我国还未完成工业化、城镇化和农业现代化之时，就迎来了信息化。"四化同步"是我国数字经济发展的时代背景，既给数字经济发展带来了巨大挑战，也带来了空前机遇。信息化的发展有可能使我国用二三十年走完西方发达国家两三百年走完的工业化、城镇化和农业现代化历程，而数字经济正是其关键推动力。以零售业为例，美国经历了上百年工业

化的高度整合后才产生了以沃尔玛为代表的高效的现代零售业，而我国则借助网络化、信息化，在过去10多年里就形成了全球最大的电子商务市场，产生了阿里巴巴、京东等巨型网络零售企业。

以信息化驱动现代化，加快建设数字中国，是贯彻落实习近平同志网络强国战略思想的重要举措。把握好数字经济发展机遇，需要我们充分利用我国得天独厚的数据资源，发挥好数据这个关键生产要素的作用，推动供给侧结构性改革不断深化。与农业经济、工业经济时代生产端的规模效应不同，数字经济在需求端具有很强的规模效应，用户越多，产生的数据量越大越丰富，数据的潜在价值就越高。目前，我国互联网普及率超过全球平均水平，拥有世界上最大数量的网民，产生了海量的消费端和企业端用户数据，现已成为世界上最大的互联网市场和数据资源国家，为我国数字经济继续深入发展提供了便利。当前，需要加快推动数字产业化，依靠信息技术创新驱动，不断催生新产业、新业态、新模式，用新动能推动新发展。

如今，我国经济已由高速增长阶段转向高质量发展阶段，数据作为关键的生产要素可以发挥更大作用。值此机遇，职业技术学校也要充分利用数据资源，发挥数据作用，通过数据分析了解社会潜在的需求，知悉从生产导向转向市场导向的趋势，从经营产品转向经营用户的过程，利用互联网新技术新应用对传统产业进行全方位、全角度、全链条的改造，提高全要素生产率，释放数字经济对经济发展的放大、叠加、倍增作用。

数字人才不仅包括传统意义上的信息技术专业技能人才，还涵盖与信息技术专业技能够互补协同、具有数字化素养的跨界人才。当前，许多数字人才分布在传统产品研发和运营领域，而数字战略管理、深度分析、先进制造、数字营销等领域的人才还比较少。因此，大力培养数字人才，需要创新培养模式，深入推进产学研跨界合作，构建以企业为主体、以市场为导向、产学研深度融合的技术创新体系；完善科技创新、成果转化和人才发展的体制机制，为创新人才的培育和发展营造良好氛围，让各类创新主体迸发出强劲活力。

第十章　数字化背景下吴锦堂文化遗迹社会服务功能的展望和建议

数字产业是新兴的战略性产业，市场发展前景广阔，不仅可以促进中等职业学校学研产用的一体化建设，而且对于推动数字资源与当地数字经济接轨具有重要作用。因此，锦堂学校可从职业技术学校自身学科、人才、科技等优势出发，以数字产业为契机，加快学研产用一体化发展建设的思路与做法。

锦堂学校在几十年的办学实践中，秉承了"以服务为宗旨、以就业为导向、以技能为本位"的办学理念，在"修身立世、修能立业"的校训指引下，形成了"敬业爱生、言传身教"的教育风格、"勤学专术、博学多艺"的优良学风。锦堂学校坚持教育创新，突出办学特色，形成了完整的教学、实践、管理和人才培养体系。特别是近年来，学校紧紧抓住难得的发展机遇，在充分发挥自身品牌、学科和人才优势的基础上，全面推进内涵建设与外延发展，大力倡导并积极参与数字产业发展，在推进学研产用一体化、服务地方经济社会发展中进行了有益的实践探索，积累了宝贵的实践经验，并逐步形成了自己的办学特色，提升了办学实力，扩大了对外影响，推动了各项事业的快速发展。

（一）数字产业对中等职业学校发展的意义

数字经济是指以使用数字化的知识和信息作为关键生产要素、以现代信息网络作为重要载体、以信息网络技术的有效使用作为效率提升和经济结构优化的重要推动力的一系列经济活动。世界经济正处于以数字经济为重要经济活动的加速转变过程中，国内外数字经济发展迅速、创新活跃、辐射广泛，基本属于密集创新期和高速增长期。数据资源的爆发式、指数化增长及分析应用水平的持续提升，大数据、云计算、物联网、人工智能、虚拟现实等新兴数字技术的迅猛发展以及与实体经济行业领域的深度融合，正逐渐成为推动经济实现快速增长、包容性增长和可持续增长的强大驱动力。目前，美国、欧盟、澳大利亚、日本等国家地区，经济合作和发展组织（OECD）、二十国集团（G20）等国际组织以及埃森哲、麦肯锡、高德纳、赛迪研究院等国内外知名咨询机构都在密切跟踪、深入研究和倡导推动数字经济的发展。

大力发展数字经济是职业技术院校未来发展的重要举措，是培育发展新动能、推动实现历史性新跨越的战略选择，是实施大数据行动的重要方向。对于锦堂学校而言，进一步发挥自己的特色和优势，加快谋划和布局数字资源，发展数字经济主体产业，促进三次产业数字化融合，创造巨大的经济效益和社会效益以及实施创新驱动、培植后发优势，具有十分重要的战略意义和现实意义。

发展数字产业有助于推动锦堂学校的人才培养和科学研究水平。第一，进一步发展壮大与汽车维修相关的原有行业，为学生提供广阔的就业空间和就业机会；第二，对于从事轻纺技术、服装设计等专业的学生，可以创造新的就业机会，扩大施展才华的平台；第三，进一步拓展职业技能方面的研究领域。

发展数字产业有助于推动锦堂学校的社会服务以及专业技能服务业的发展。目前，伴随着社会服务产业的兴起，在数字产业涵盖的许多服务功能中，专业技能服务最具成为新兴朝阳产业的潜力。专业技能服务具有可持续的特点，不仅符合当前人们"花钱买服务"的需求和愿望，也拥有广阔的市场发展空间；同时，也为职业技术院校全面参与数字服务业提供了便利条件。

发展数字产业有助于推动锦堂学校的对外交流及参与国际贸易的发展。随着全世界对专业技能的渴望和需求，参与数字产业在国际技能市场和服务贸易等方面都将占有优势地位。这对于扩大贸易出口，占领国际市场份额将产生深刻影响，可有效推动国际贸易发展。

（二）锦堂职高数字产业的基础和优势

学校继承锦堂先生实业兴邦、服务社会的宏愿，致力于汽修、轻纺两大专业方向建设。其中，汽修方向设置了5个专业：汽车检测与维修技术、车

第十章 数字化背景下吴锦堂文化遗迹社会服务功能的展望和建议

运用与维修、汽车美容与装潢、汽车车身修复（汽车钣金与涂装）、汽车整车与配件营销（汽车商务）；轻纺方向设置了4个专业：服装设计与工艺、现代纺织技术（轻纺产品设计）、纺织技术与营销（产品营销与管理）、染整技术。此外，汽车检测与维修技术等三个专业还与浙江经济职业技术学院、浙江纺织服装职业技术学院、浙江农业商贸职业技术学院等高校合作，设立了五年一贯制和3+2直升班，校内不乏升学成绩优异者。

学校以创"国家级汽车特色学校"为办学战略，秉承"车·锦堂"（汽车专业和锦堂学校）品牌战略，以"服务长三角地区汽车制造和维修行业"为办学重点，取得了宁波市课程改革试点学校、宁波市特色专业学校、宁波市现代化专业、宁波市品牌专业和省示范专业等荣誉称号。近年来，锦堂职高又通过了浙江省2016名品牌专业（同时获宁波市中职骨干专业）、宁波市中职校企共建高标准实训基地、宁波市中职现代学徒制试点项目立项评审，办学水平达到浙江省乃至全国一流。

同时，学校实训基地曾被评为省、市示范实训基地，在2007～2016年的10年间连续参加全国技能大赛，共获得21金11银4铜的优异成绩，获奖率达到100%，金牌总数位列全国前茅，占慈溪市十年获得52块金牌总量的40%，被全国职业院校和汽修行业称为"锦堂传奇"。十年大赛不仅奠定了专业基础，更塑造了一支精、尖、优、强的专业教师队伍；其中有10人被授予宁波市优秀指导教师，2人被授予慈溪市"功勋教练"，1人被授予慈溪市"优秀教练"。此外，锦堂职高近十年都被宁波市教育局授予了全国技能大赛特别贡献奖的殊荣。

学校的创业创新有新举措，依托"车·锦堂"连锁教学工厂以及与奔驰、宝马、大众的联合办学，打开了产教融合的新局面；通过合力打造"锦堂故事教师工作室"，提升了教师技能教学整体水平；实训基地实行严格7S管理，培养了学生良好的职业操守和职业习惯；学校重视汽修专业的文化建设，促使校园文化呈现多角度、多样化的发展。

锦堂职高作为慈溪市知名的职业学校，不但重视内练，更重视外联。学校现为慈溪市汽车维修行业协会副会长单位，内设慈溪市锦堂职高职业技能鉴定站，负责市、内外汽修大类的初中级考核鉴定和服装制作工鉴定；校内每年举行大型毕业生就业洽谈会，也参加合作高校的洽谈会，毕业生就业率达到了 90% 以上。锦堂职高的毕业生不仅就业率高，而且社会满意度也较高，得到了用人单位的认可。

（三）锦堂学校推进数字产业发展的思路与举措

锦堂学校进一步推进学研产用一体化的基本工作思路，就是要坚持以政府为主导、以企业为主体，以学校为主位，打造数字产业链，形成战略性新兴产业。工作抓手就是要突出"学、研、产、用"四个环节。

1. 学

围绕数字产业的人才培养，加强传统优势学科及相关专业的建设，促进学科间交叉融合，不断完善学科体系结构；加强适合专业教育和人才培养实际的教材建设；拓展校内外数字产业人才培养的实习实训基地，加强大学生的动手实践能力和技能培养；加强专任教师的师资队伍建设，提高教育教学水平，为培养优秀的专业技能数字产业人才提供可靠的师资队伍保障。加强和改善学校建设，创造有利于优秀人才成长成才的良好育人环境。

2. 研

围绕数字产业发展需求，针对性开展数字产品研发，主打汽修＋轻纺牌，构建数字技能产业科技创新联盟，与企业联合开发、创新数字产业的项目、品种、技术。实施数字产业技术创新专项，着力在研发和转化上下功夫，做大做强专业技能数字产业。锦堂学校应以基础资源建设开发的专业技能数字产业公共技术平台为依托，吸收顶尖的职业教育力量，组建以行业标准和关键技术为纽带的创新战略联盟，组织实施数字产业技术创新专项，力争在关键技术创新和转化上有重大突破。

3. 产

一是要形成品牌效应，职业技术院校"出人才、出技术、出项目"。二

第十章 数字化背景下吴锦堂文化遗迹社会服务功能的展望和建议

是要用学校的软实力与企业合作，创新体制机制，进行股份制改革。三是要创办校办产业，创新工作体制，可与企业联合创办汽修村、轻纺设计中心等，将涉及学校汽车检测与维修技术、汽车运用与维修、汽车美容与装潢、汽车车身修复、汽车整车与配件营销；服装设计与工艺、现代纺织技术、纺织技术与营销、染整技术等各个专业吸纳进来，创办类似汽车"4S"店的技能工厂，为人民提供全方位、科学化的立体服务。

4. 用

针对民生，面向"衣食住行"进行推广，为全世界和全人类共同使用。一方面要"为我所用"，通过专业技能数字产业的全面发展，进一步提高中等职业院校的人才培养质量，为社会提供高素质的专业技能型人才；另一方面要为大众所用，将专业技能数字产业发展的成果面向市场进行推广，从而解决人们"衣食住行"等问题。做好学研产用一体化，重要的是需将数字产业链串起来，形成产业的集聚，打造战略性的新兴产业。

站在数字经济的新起点上，锦堂学校可以充分发挥自身优势，以全面参与数字产业为引领，深入推进学研产用的一体化建设，不断提高服务社会的能力，为推动专业技能教育走向世界，提高人民群众生活质量做出新的贡献。

二、建议——深挖数字资源内涵，更新升级社会服务功能

随着区域经济的快速发展，职业技术教育也需要不断创新。作为慈溪市中等职业教育学校的锦堂职高，以就业为导向，以服务为宗旨，以技能为核心，以使受教育者获得岗位技能为目标的职业培训职能，越来越受到社会的重视。它符合中等职业学校的办学宗旨，是中等职业学校应尽的责任和义务，更是服务区域经济的客观需求。中等职业教育是满足社会企业人力资源增量需求，向社会和企业输送高素质技能型人才的重要渠道。因此，服务社会是

中等职业学校教育教学和科研功能的延伸。

（一）更新理念明确方向，提升学校社会服务能力

随着信息化的发展，中等职业学校的教学模式和教学手段越来越依赖于网络技术和多媒体技术为核心的现代教育技术。现代教育技术成为学校进行教学改革、提高教学质量、实现培养目标的重要途径。许多中等职业学校已经建立了校园数字资源库，进一步改善了网络基础设施等硬件环境，为资源库的应用创造了必要条件，也为升级社会服务功能做好了前期准备；尤其是伴随着计算机在教学应用中的拓展，使数字教学资源越发丰富起来。数字教学资源的有效管理是开展现代化教学的前提和基础，实现如学术资源、教学资源、数字图书和数字档案等数字资源的高效存储管理，可为学校师生提供方便、快捷的查找、存取服务，为教师提供资源访问效果的评价分析。因此，中等职业学校需要加大提升数字时代背景下社会服务能力方面的教学力度，使学生在校期间不仅可以学习到专业知识，还能够具备数字化的社会服务能力。

同时，现有中等职业学校大多会增强社会服务意识，积极组织开展校企合作恳谈会、走进企业学习、邀请企业领导来校讲座等活动[①]。中等职业学校在与企业深入合作之后，会广泛听取企业对当地职业教育发展现状、专业课程设置、学生实训、用工培训等方面的意见和建议，继而深入思考"什么样的学校是职业学校、怎样办好职业学校、学生学什么怎样学才能适应社会需要、怎样提高学生的社会服务能力等"等一系列问题，最终明确学校"以服务为宗旨、以就业为导向、以技能为本位"的办学理念。

（二）结合需求设置课程，提高学生社会服务能力

中等职业学校专业课程设置，要充分考虑对学生实践能力、社会服务能力的培养，从生产实践出发，将理论与实践相结合，达到教学为生产实践服

---

① 吴卫军. 论中等职业学校社会服务功能的强化与创新 [J]. 文教资料 ,2007（12）:181-182.

第十章 数字化背景下吴锦堂文化遗迹社会服务功能的展望和建议

务的目的[①]。要创造数字实训条件，充分考虑安排实践环节，使学生无论在理论还是实践方面都尽可能达到社会生产的实际需求。以广西东南部的横县为例，该地享有"中国茉莉花之乡"的美誉，全国超过80%的茉莉花茶是从这里生产的，是农村淘宝普及率较高的县份；同时，还是闻名全国的桑蚕生产基地、果菜种植批发基地。因此，学校应该结合本地特色产业，设置如农类专业、茶艺专业、制茶专业、计算机和电子商务专业等相关专业课程，更好地服务于本地经济。此外，还可成立茶艺表演队、礼仪服务队等社团组织，积极参加区县（市）举办的各类活动，从而多渠道提高学生社会服务的能力。

（三）坚持"请进来，走出去"，建设"双师型"教师队伍

想要发挥中等职业学校社会服务的功能，就必须保证中等职业学校拥有良好的师资力量，在数字时代，学校的发展需要具有一定数字化技术的教师作为保障，学生学习质量的提高也离不开教师引导。第一，学校应坚持"请进来，走出去"的模式，狠抓数字化技能教师、教师能手的培养，邀请有关专家学者到校开展各类培训活动，提高教师数字化专业素养；第二，创造条件让青年教师走出去，使其开阔视野、增长对数字化的认识；第三，安排专业教师参加各级信息技术培训，并到企业跟岗，鼓励教师获取相应等级证书及职业资格证书，支持专业教师在合作企业兼职担任职业职务；第四，通过与企业合作，从企业外聘有实践经验的工程师、技师、管理人员或能工巧匠到学校，经过教学业务培训后，担任实训教师[②]；第五，把"双师"素质与"双师"结构相结合，建设"双师型"专业教师队伍，有效提高教师的整体素质和职业能力。

（四）全力打造数字化实训基地，服务当地经济建设

职业技术学校实训基地是学生学习技能的主课堂，是教师施展才能的主

---

① 姜大源. 职业教育学研究新论[M]. 北京：教育科学出版社，2007
② 江民鑫. 中职学校提高专业社会服务的实践和思：以宁波经贸学校物流专业为例[J]. 职业，2015（18）：30-31.

阵地，是学校服务地方经济建设的主渠道。因此，实训基地的数字化建设要以教学为主，兼顾生产、科研、培训、鉴定，适应教学改革的需要。校内数字化实训基地应尽可能模拟企业生产环境，运用虚拟现实技术再现职业的真实境况，让学生按照未来专业岗位群对专业素养和实操技术的基本要求进行实训。校外实训基地则可与有实力和特色的企业合作，将企业直接作为学校的实训基地，给学生提供一个快速提高理论知识和实践技能的良好平台。数字化实训平台的建设不仅有利于引导学生快速融入社会，也有助于学校随时掌握人才市场的变化规律，及时调整人才培养方向，更有助于职业技术学校的毕业生直接有效地服务于当地经济。总之，锦堂职高应该始终坚持"以服务为宗旨、以就业为导向、以技能为本位"的办学理念，努力培养学生过硬的专业素质，使学生更好地服务于社会。

职业技术学校的数字资源库建设不是一项单纯的技术工作，而是一项管理与技术相结合的系统工程。它将先进的信息技术引入到教学、科研、管理和服务等各项活动中，以提高教、学、管的质量和效率，创造新的教育和工作模式，从而完成传统教育模式难以实现的目标。教育信息化的过程是教育思想、教育观念、教育模式转变的过程，其数字资源的挖掘将会为创新人才培养和提高教学质量带来一定的优势。强化信息技术应用，可以促进信息社会背景下高校人才培养模式的创新与实践，提升学校内涵，更新教学观念，改进教学方法，培育学校的核心竞争力；加快数字化校园建设，可以促使学校信息化与教学、管理和生活相融合，逐步实现一体化、智能化；丰富数据中心资源共享，可以推进以服务、应用及管理为核心的现代化教学体系建设，丰富全校师生的学习与生活，构建学校的流媒体系统。我们拭目以待，期望通过数据资源库的建设，打造出一个便捷、高效的服务型数字职高，确保其信息化达到省内同类型院校的先进水平。

参考文献

沈雨梧. 爱国华侨吴锦堂 [J]. 杭州师范学院学报 (社会科学版),1990(2).

徐盈群. "宁波帮"的办学思想对当前高职教学改革的启示 [J]. 浙江工商职业技术学院学报 ,2009(1).

蒋宏达. 清民鼎革之际的商人与乡绅：吴锦堂的慈北水利事业 [J]. 西华师范大学学报 (哲学社会科学版),2016(11).

纪立新. 吴锦堂的国内事业与活动述论（1905—1910 年）[D]. 华东师范大学 ,2007.

虞和平. 吴锦堂与民国初年的中日商人外交 [J]. 宁波大学学报 (人文科学版),2010(9).

高燕洪, 林盈波. 张謇与吴锦堂商业模式及实践之比较研究 [J]. 南通纺织职业技术学院学报 ,2014(9).

纪立新. 吴锦堂的近代农业教育实践 [J]. 经济与社会发展 ,2007(6).

高燕洪, 林盈波. 影响慈溪的两大商业巨子——吴锦堂与虞洽卿 [J]. 中国市场 ,2014(5).

纪立新. 吴锦堂与南洋劝业会 [J]. 宁波广播电视大学学报 ,2011(6).

徐文永. 吴锦堂与辛亥革命 [J]. 中共宁波市委党校学报 ,2012(1).

林盈波, 高燕洪. 与孙中山并肩的浙江慈溪人——吴锦堂 [J]. 黑龙江史志 ,2013(7).

刘艳萍. 爱国华商吴锦堂的历史贡献 [J]. 兰台世界 ,2013(10).

张辉. 吴锦堂故居 [J]. 宁波通讯 ,2017(12).

纪立新, 吴锦堂振兴浙江实业的设想与活动 [J]. 宁波大学学报 (人文科学版),2008(9).

宁波市政协文史委,政协慈溪市委员会.吴锦堂研究[M].北京:中国文史出版社,2005.

方东.慈溪吴锦堂家族追踪[M].北京:现代出版社,2016.

宁波市政协文史委.宁波帮研究[M].北京:中国文史出版社,2004.

鲍杰.论近代宁波帮[M].宁波:宁波出版社,1996.

宁波市政协文史委员会.上海买办中的宁波帮[M].北京:中国文史出版社,2009.

秦亢宗.宁波帮百年风云录[M].杭州:浙江工商大学出版社,2011.

周乃复,童玉民.爱国华侨吴锦堂[M].慈溪文史资料(第一辑).

陈厥祥.宁波帮与20世纪中国教育[M].杭州:浙江大学出版社,2007.

乐承耀.宁波近代史纲[M].宁波:宁波出版社,1999.

罗晃潮.日本华侨史[M].广州:广东高等教育出版社,1994.

毛起雄.华侨华人百科全书[M].北京:中国华侨出版社,2000.

金普森.宁波帮大词典[M].宁波:宁波出版社,2001.

杨国桢.明清中国沿海社会与海外移民[M].北京:高等教育出版社,1997.

李文治.中国近代农业史资料[M].北京:三联书店,1957.

李文权.吴锦堂传[J].中国实业杂志,1912(3).

杨寿彭.吴锦堂先生哀思录[M].日本神户:田中印刷出版社,1926.

陈麟辉.在主体间性视域下提升名人纪念馆社会教育功能的路径[J].中国博物馆,2018(1).

盛小云.充分发挥博物馆、美术馆等公共文化设施社会服务功能[J].中国艺术报,2019(3).

姚安.博物馆12讲[M].北京:科学出版社,2011.

国家文物局博物馆与社会文物司.新形势下博物馆工作实践与思考[M].北京:文物出版社,2010.

李向民,王晨,成乔明.文化产业管理概论[M].太原:书海出版社,2006.

Neil Kotler,Philip Kotler.博物馆战略与市场营销[M].北京:燕山出版社

,2006.

马爱民.博物馆产业化发展趋势研究[J].社会纵横,2011(3).

齐萌.基层博物馆文创产品开发的几点建议[J].低碳世界,2018(12).

周崛夏,刘燕.博物馆文化创意产品的设计与开发机制:评《创意设计与文化产业》[J].中国高校科技,2018(11).

王柳庄,胡好.博物馆文创产品设计开发的观念与方法[J].设计,2018(21).

谷莉.互联网+背景下博物馆文创产品营销研究:以江苏省为例[J].戏剧之家,2017(23).

LI Jiao.Marketing innovation strategy of museum cultural and creative products under the background of "Internet +"[J].World of Cultural Relics,2017(2).

附录 "文化遗产数字化"领域的相关网站

中国非物质文化遗产网·中国非物质文化遗产数字博物馆：http: // www. ihchina. en/

联合国教科文组织：http: //www. unesco. org/

英国图书信息网络办公室（ukoln）：http: //blogs. ukoln. ac. uk/

拓展台湾数字典藏计划：http: //content. ndap. org. tw/

World Heritage sites in panophotographies: http: // www. world-heritage-tour. org/

DigiCult: http: //digicult salzburgresearch. at index. php

国家文物局：http: //www. sach. gov. cn/

世界文化遗产网：http: //www. wchol. com/

中国大学数字博物馆：http: //www. gzsums. edu. cn/ 2004 museum/

ArtChaology: http: //www. artchaology. com/

文化遗产保护科技平台：http: //kj. sach. gov. cn/

The Centre des monuments nationaux: http: //www. monuments-nationaux. fr/en/

Virtual World Heriage Laboratory:http: //wwhl. clas. virginia. edu/mission. html

兵马俑：http: //www. cs. iupui. edu/ -jzheng bingmayong/e-index. Html

Stanford Digital Forma Urbis Ronae Projet: http: //fmarbi. sanord. edu/index. html

数字古迹在线：http: //www. heiage online com. en/index. asp

VHAPBD——Vitual Heriag: Hghrqualty 3D Aquistion and Penation: http: //

www. vihap3d. org/ news. html

Digtal Libraries Iitiative: Cultural Hriag：http://ee. europa. eu/ information_society/ativitis/digital_ libraries cultura/index_ en. htm

AAT 艺术和建筑类在线词典：
http://www. getty. edu research conducting_research/ vocabularies/ aat/index. html

法国国家图书馆 http://signets. bnf. fr/

CAMEO——文物保护及艺术材料在线百科全书（MFA 波士顿）：http://signets. bnf. fr/

CHIN 加拿大文化遗产信息网络：http://www. chin. gc. ca/

CoOL- 文物保护在线（斯坦福大学）:http://palimpsest. stanford. edu/

文化遗产保护培训与教育（Robert Gordon, 艾伯丁大学）:http://www. rgu. ac. uk/ schools/ merg/ stuni. htm

文化遗产搜索引擎：http://www. culturaheritage. net/

e 保护科学（卢布尔雅那大学）:http://reul. uni-j. si/ ~ eps/ index. html

ECPA- 欧洲保护与存取委员会 :http://www. knaw. n/ecpa/

欧洲文化遗产网络（科隆应用科学技术大学）:http://www. echn. net/echn/

IICROM- 文化财产保护 与修复国际研究中心 :http://www. iccrom. org/ eng news/iccrom. htm

ICOM-CC 国际博物馆协会 – 文物保护委员会 :http://www. icom-cc. org/

IIC——国际文物保护协会 :http://www. iconservation. org/

ILAM——拉丁美洲博物馆协会 :http://www. ilam or/

INCCA——国际 当代艺术保护网 :http://ww. icca ory/

IAQ- 博物馆 与档案馆室内空气质量 :http://ww ing dk/

艺术科学 – 科学艺术 :http://www. kusalaswisisenschaf. de/de/ index. html

纽约文物保护基金会 : http://www. nyef. org/

OCIM- 博物馆合作和信息局（勃艮第大学，第戎）: http://www. ocim. fi/

sommaire/

绘画额料研究计划 Pigmentum projeet: http: //www. pigmentum. org/

历史与文化专题网络（CSIC- 西班牙）: http: //www. rtphe. esic. es/

WAAC- 西部艺术品保护西部协会 : http: //palimpsest. stanfrd. edu/ waac/

欧洲建筑遗产保护技艺训练中心 Centro Europeo di Formazione degli Artigiani perla conservazione del patrimonio rchittonico:http: //www. trevenezie. i/sw_centro_europeo. htm

欧洲大学文化财产中心 Centro universitario europeo per i Beni Culturali, Vlla Rufolo:http: //www. amalficoast. it/cuebe

作者简介

王麟，男，1977年12月出生于河南开封，毕业于河南大学古建园林专业，长期从事不可移动文物保护利用、研究及管理工作。现为宁波市文化遗产管理研究院文物保护中心主任，宁波市历史文化名城保护促进会理事，文博馆员。

徐宏鸣，男，1980年3月出生于湖南石门，毕业于南京大学考古专业，长期从事文物保护、考古和博物馆工作。现为慈溪市文物保护中心副主任，副研究馆员。